JAAM
ガイドブック
シリーズ

実務者のための

道路施設アセットマネジメントガイドライン

道路施設アセットマネジメントガイドライン策定 WG　編

まえがき

「もはや戦後ではない。」

1956 年度（昭和 31 年度）の経済白書に記され、諸説はあるもののその後の高度経済成長を象徴するフレーズである。日本の成長を支えるために、道路、河川、下水道、公園などの社会基盤が急速に整備された。その際、地形条件の把握などの調査は測量会社に、構造物の設計は建設コンサルタント会社に、施工は建設会社に、それぞれ委ねられる建設生産プロセスが構築された。

経済成長期に整備されたインフラは、1964 年の東京オリンピックに建設された国立競技場が、2020 年の東京オリンピックで再建されたように、老朽化が進み更新期を迎えている。

さらに、道路を例にとればバイパスなどの並行路線の整備によって、国道が都道府県道に、都道府県道が市町村道などに移管されるケースも多く、建設時の調査資料・設計図書・施工記録などが整っていない地方自治体も多い。

そうした中で、2012 年 12 月 2 日の中央自動車道笹子トンネル天井板崩落事故を契機に、国土交通省は 2013 年を「社会資本メンテナンス元年」と位置付けた。構造物を目視点検し、劣化状況等を診断し、維持管理計画に基づく措置を講じるなどのメンテナンスサイクルが構築された。

そして、笹子トンネル事故から 10 年となる 2022 年 12 月に、国土交通省の「社会資本整備審議会」は特にインフラメンテナンスの課題が深刻化している市区町村に焦点をあてて、「総力戦で取り組むべき次世代の『地域インフラ群再生戦略マネジメント』～インフラメンテナンス第 2 フェーズへ～」を提言した。この提言の中で、「多くのインフラを維持管理する地方公共団体のうち、特に小規模な市区町村では、措置すべき施設数に対し人員や予算が不足しており、予防保全への転換がまだ不十分であることはもちろん、そもそも事後保全段階にある施設が依然として多数存在し、それらの補修・修繕に着手できていないものがあるなど、インフラに対する国民・市民からの信頼が十分に確保されているとはいえない状態である。この状態を放置すれば、重大な事故や致命的な損傷等を引き起こすリスクが高まることとなり、早急な対応が必要である。」と指摘された。

多くの市区町村の技術力の現状を踏まえると、一定の技術力が必要な点検や修繕等の業務をマネジメントすることには限界があることから、一層の民間活力の活用が必要となる。一定の技術力が必要となる点検や修繕等については、複数・多分野の業務内容の包括化等による技術力を結集できる事業者の連携体制が有効である。こうしたことは、これまでの建設段階の縦系列の分業体制から、維持管理・アセットマネジメント段階では複数・異種の事業者による横断的な協業体制を構築していくことが重要となる。

そうした中で、一般社団法人日本アセットマネジメント協会（JAAM）のインフラマネジメント実践小委員会が中心となり、共同執筆者や監修者が実現場で取り組んできたインフラマネジメント、アセットマネジメントをもとに、本書「道路施設アセットマネジメントガイドライン」をとりまとめた。本書は多くの自治体の取り組み事例も盛り込みながら、建設時のデータや情報、その後の維持管理履歴や点検データなどから将来の劣化を予測し、次世代の負担となるライフサイクルコストを極力抑え、安全なインフラを利用者に提供するための方法などを解説している。また、アセットマネジメントの国際規格（ISO 55000シリーズ）の要求事項に対応して、実施すべきことが整理されている。

これからのメンテナンスの取組の「第２フェーズ」では、地方自治体等のインフラ管理者と複数・異種の事業者が共通の基盤のもとでマネジメントしていくことが重要であり、その一助として役立つ一冊となることを期待する。

日本アセットマネジメント協会
理事　菊川　滋

目　次

1章

はじめに

1.1 ガイドライン策定の趣旨と適用範囲

橋梁やトンネルといった道路施設は、施設の老朽化や地方自治体を中心とした人材不足、予算不足、災害の激甚化、地元建設業界の衰退による担い手不足等の様々な理由により、施設に求められる性能を確保し、道路利用者に継続的に安全・安心な道路サービスを提供することが困難になっている。

本ガイドラインは、主に地方自治体の道路管理者及びそれをサポートするサービス提供者（点検業者、設計業者、工事業者等）が、道路施設のインフラマネジメントにあたっての潜在的なリスク、プロセスの管理、プロセスの評価方法、改善活動の方法等について、アセットマネジメントシステムの国際規格である ISO 55000 シリーズと整合をとってとりまとめたものである。

社会インフラの老朽化問題が叫ばれて久しいが、道路施設においても道路法の改正による定期的な点検の実施やインフラ長寿命化基本計画に基づいた個別施設計画の策定など、老朽化に対する取組が進められているところである（図 1.1 参照）。

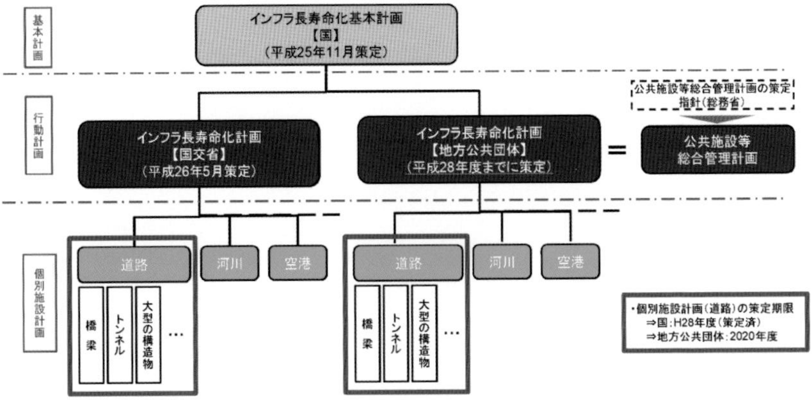

出典：「インフラ長寿命化計画」（国土交通省）

図 1.1　インフラ長寿命化計画の体系

橋梁を中心に個別施設計画の策定が完了する一方で、個別施設計画等に基づいた判定区分Ⅲ・Ⅳの施設における修繕工事（措置）の着工・完工率は、特に地方公共団体において必ずしも高い水準にあるとはいえない（表 1.1 参照）。

下記の状況などにあることから、個別施設計画で設定した管理目標と管理の実態に乖離が生じていると想定される。

・必要な事業費の確保が困難である。

・少子高齢化に伴う建設業界の衰退により修繕事業に必要な人材の確保が困難である。

・道路管理者の異動等により個別施設計画の内容の引き継ぎが円滑にいっていない。

表 1.1　判定区分Ⅲ・Ⅳの橋梁における修繕着手・完了率

	措置が必要な施設数 A※1	措置に着手済の施設数 B（B／A）	うち完了済の施設数 C※2（C／A）	点検実施年度
国土交通省	3, 359	3, 337（99%）	2, 344（70%）	2014
				2015
				2016
				2017
				2018
高速道路会社	2, 533	2, 402（95%）	1, 905（75%）	2014
				2015
				2016
				2017
				2018
地方公共団体計	61, 466	46, 043（75%）	34, 357（56%）	2014
				2015
				2016
				2017
				2018
都道府県・政令市等	20, 071	17, 770（89%）	12, 974（65%）	2014
				2015
				2016
				2017
				2018
市区町村	41, 395	28, 273（68%）	21, 383（52%）	2014
				2015
				2016
				2017
				2018
合計	67, 358	51, 782（77%）	38, 606（57%）	

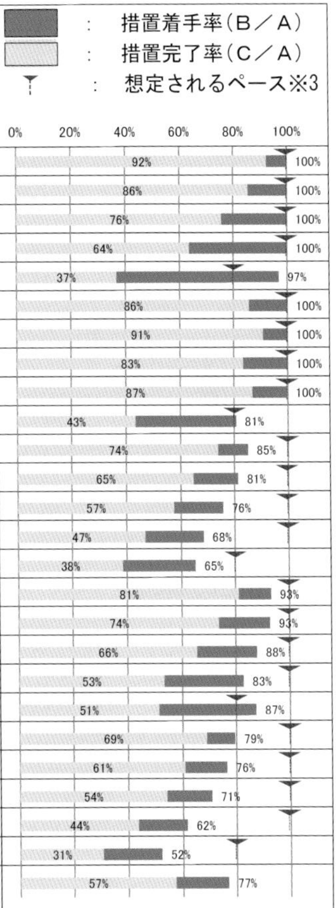

2023. 3 末時点

※1：1 巡目点検における判定区分Ⅲ、Ⅳの施設数のうち、点検対象外等となった施設を除く施設数。
※2：2 巡目点検で再度区分Ⅲ、Ⅳと判定された施設でも、1 巡目点検に対する措置が完了した施設は含む。
※3：2022 年度末時点で次回点検までの修繕等措置の実施を考慮した場合に想定されるペース。

出典：「道路メンテナンス年報」（令和 5 年 8 月 国土交通省道路局）

こういった状況を背景に、社会資本整備審議会・交通政策審議会技術分科会は令和４年12月に「総力戦で取り組むべき次世代の『地域インフラ群再生戦略マネジメント』～インフラメンテナンス第２フェーズへ～」を公表するなど、インフラを如何に持続的に機能させていくかが今後は重要になると想定される。

これらの問題は、持続可能なマネジメントシステムを導入しない限り解決は難しい。日常業務のワークフローの標準化､将来を見通した人材育成システム、人事異動に伴う確実な引き継ぎを可能とする文書システム、補助制度の活用を含めた財源確保等の実務上のノウハウの蓄積システムなどを構築し、こうしたシステムを共通基盤として安定したアセットマネジメントを展開していくことが重要になっている。

以上の想定される状況を踏まえ、本ガイドラインでは特に道路施設の「管理目標の設定→点検の実施→個別施設計画策定（長寿命化計画策定）→修繕工事の実施」といったメンテナンスサイクルを円滑かつ継続的に回すためにはアセットマネジメントが有用になりうるという観点から、メンテナンスサイクルの各フェーズやサイクル全体の要素技術や手法を、事例等を交えつつとりまとめたものである。

なお、JIS Q 55000シリーズでは、「アセットライフ（asset life）」という用語が次のように定義されている。

「アセットライフ（asset life）：アセットの企画段階からアセットの活用の終わりまでの期間」

すなわち、アセットマネジメントの対象となる期間は、アセット（例えば道路施設）の「計画・調査・設計段階」から「施工」、「供用」、「運営」、「維持管理」、「更新」、「廃棄」までとしているが、第１版の本道路施設アセットマネジメントガイドラインでは、「供用後のアセットマネジメント」のうち、「維持管理（災害対応は除く）」、「更新」、「廃棄」を中心にとりまとめている。

【コラム:「総力戦で取り組むべき次世代の『地域インフラ群再生戦略マネジメント』～インフラメンテナンス第2フェーズへ～」】

「地域インフラ群再生戦略マネジメント」に関する提言が、笹子トンネル天井板崩落事故から10年となる令和4年12月2日に、社会資本整備審議会から提言された。

提言書のポイントは、次のように整理できる。

- 2012年から2021年の10年間の「第1フェーズ」では、施設点検が一巡して施設の現況が把握でき、それに基づく個別施設計画が策定されたこと。
- 事後保全から予防保全に転換するメンテナンスサイクルが確立できれば、将来の維持管理・更新費を大きく抑えられる可能性があることが試算によって明らかになったこと。
- 多くのインフラを維持管理している地方自治体、特に小規模市区町村では人員や予算不足のため、このままの状態を放置すれば重大な事故や致命的な損傷等を引き起こすリスクが高まっていること。
- これからは個々のインフラメンテナンスを適切に行うことに加え、複数・他分野のインフラを広域の地域インフラとして捉え、総合的かつ多角的な視点でマネジメントすることが重要になってくること。
- 2022年以降のメンテナンスの取組の展開を「第2フェーズ」と位置付け、「地域インフラ群再生戦略マネジメント（以下、「群管理」という）」への転換」を方針の軸とし、特にインフラメンテナンスの課題が深刻化している「市区町村」に焦点をあてること。
- 「群管理」は、複数・広域・他分野のインフラ施設を「群」として捉え、更新、集約・再編、新設を組み合わせて検討していく必要があること。
- 「群管理」の「計画策定プロセス」、「実施プロセス」の考え方が具体的に示されたこと。
- 「群管理」の推進にあたっては、一定規模の業務をまとめて発注することで、より民間の創意工夫、技術開発等を誘引し、ひいてはインフラメンテナンスの産業化につながること。
- 市区町村管内のインフラの包括的民間委託等の一層の促進に加え、周辺市区町村や都道府県と連携した包括的な維持管理や連携などを促進するため、ガイドライン等の策定や導入に向けた検討支援を進めていくことが必要であること。

以上のように、市区町村のインフラマネジメントの課題に対して、インフラの「群管理」の方針が示されたことは、今後の包括的な民間委託などにも影響を与えることになると思料される。

1.2 アセットマネジメントの国際規格とアセットマネジメントの定義

アセット＝資産、マネジメント＝運営・管理といった意味であり、道路管理者においても多くのアセット（道路施設等）をマネジメント（保有･管理）し、道路利用者､納税者などから期待されるサービスを提供することが求められる。しかしながら、これらのアセットが適切に管理されなければ、道路利用者などが期待するサービスを提供することが困難であるどころか、損失を与える可能性さえ想定される。

1980年代、米国では「荒廃するアメリカ」と呼ばれたように、それ以前に道路施設に十分な維持管理費用が投入されておらず、老朽化の進展により継続的なインフラサービスの提供が困難な状況となった。

以上のような背景から日本においても、橋梁等の社会インフラを国民・都道府県民・市区町村民のアセットと位置付け、中長期な視点から計画的に維持管理費用を投入することで、アセットの価値を維持または向上させるという、社会インフラのアセットマネジメントという概念が生まれ、産・官・学がそれぞれ取り組み、研究等を行っている。

アセットマネジメントの国際規格であるISO 55000シリーズでは、アセットマネジメントの定義を、

「アセットからの価値を実現化する組織の調整された活動」

としている。また「アセットマネジメントシステム」とは、「アセットマネジメントのためのマネジメントシステム」であり、ISO 55000シリーズが提唱するアセットマネジメントシステムのイメージは図1.2のとおりである。

例えば社会インフラのアセットマネジメントシステムであれば、点検により老朽化箇所の発見、修繕工事の実施による施設機能の回復といった「維持修繕レベル」のPDCAサイクル、中期的な視点から補修計画を立案する「戦略レベル」のPDCAサイクル､長期的な視点から管理目標や予算水準を決定する｢構想レベル」のPDCAサイクル、といったように階層的なマネジメントサイクルを有しており、またこのマネジメントサイクルを、モニタリングやデータ集約・分析を通して定期的に評価し、継続的に改善することを求めている。この

ような階層的なマネジメントサイクルの導入・改善により、アセットからの価値を実現することを考えると、アセットマネジメントシステムにおいては、点検・措置・記録といったメンテナンスサイクル（運用）のみならず、組織の状況やステークホルダーのニーズの理解、中長期的な計画の立案、リーダーシップ、業務を行う人々の力量や認識の管理、コミュニケーション計画といった多様なプロセスの有機的な連動が重要となることが見て取れる。

社会インフラの維持管理の現状においては、前述したように継続的な運用に課題があることが想定され、ISO 55000シリーズにより社会インフラを管理する組織の実態に即して「コスト」、「リスク」、「パフォーマンス」のバランスのとれた活動をシステマチックに構築・運用することは非常に有効な解決策といえる。

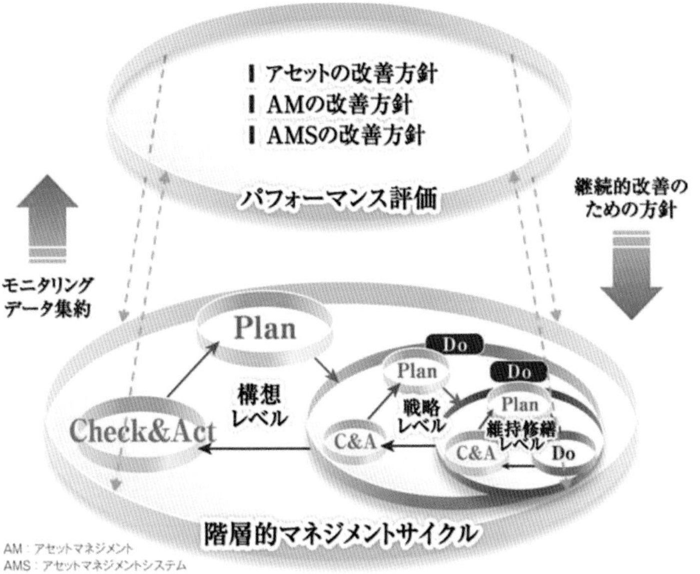

出典：「一般社団法人 日本アセットマネジメント協会　ホームページ」

図1.2　アセットマネジメントシステムのイメージ

1.3 本アセットマネジメントガイドラインの構成

本ガイドラインの構成は、以下、2章でアセットマネジメントシステムの概論を、3章でアセットマネジメントシステムを道路施設に適用する際の留意点を、4章では道路管理者の実際の業務のプロセスに併せて、メンテナンスサイクルの各フェーズに分けて、事例を交えつつ詳述し、アセットマネジメントシステムを実践する際の参考となるようにとりまとめている。

1.4 用語解説

本ガイドラインでは、次のように用語を定義する。

アセット：組織にとって潜在的に又は実際に価値を有するもの

本ガイドラインにおいては、ヒト（道路管理者、委託業者、利用者等）、モノ（有形：道路施設、機器・道具、無形：知識・マネジメント手法等）、カネ（維持管理費用等）、情報（台帳、データベース等）等が考えられる。

アセットマネジメント	アセットからの価値を実現化する組織の調整された活動。
維持管理	道路施設の供用期間において、道路施設の性能を継続的に確保するための全ての技術的行為。
管理方針	道路施設の全体または各種別等における管理の方針であり、管理区分の設定のあり方から考えるもの。
管理区分	保全方法、管理指標・水準の区分、点検方法等に係る管理方針の区分。路線特性や施設特性等を踏まえて、施設のグルーピングごとに設定するもの。
管理指標	措置の要否を判断する際に着目する、施設の状態を示す指標（点検時の評価項目等）。
管理水準	施設をどのような状態に維持するか（どのような状態になったら措置するか）の基準値であり、管理指標に対する値や評価区分。
点検	道路施設の損傷状態等を把握する行為の総称。
定期点検	道路施設の損傷状況等を把握し、措置の要否の判定を行うために、頻度を定めて定期的に実施する点検をいう。
変状	形や状態が変化した状態。必ずしも損傷とは限らない。
損傷	道路施設またはその構成部材が損なわれ傷つく事象。変状の一部。
劣化	時間の経過に伴って道路施設またはその構成部材の各種の性能が低下する現象。
健全性の診断	道路施設の損傷の状態を省令や道路管理者独自に定められた区分に分類すること。
処置	定期点検等による健全性の診断結果に基づき、道路施設の機能を確保、復旧するための行為全般。補修・補強、撤去、監視、通行規制・通行止等が該当する。
LCC	ライフサイクルコストの略。道路施設の計画、設計、建設、廃棄・更新に係るトータルコスト。
補修	第三者への影響の除去あるいは、美観・景観や耐久性の回復もしくは向上を目的とした対策。建設時に道路施設が保有していた程度まで、安全性あるいは、使用性のうちの力学的な性能を回復させるための対策も含む。
補強	建設時に道路施設が保有していたよりも高い性能まで、安全性あるいは、使用性のうち力学的な性能を向上させるための対策。
個別施設計画	橋梁やトンネルといった各道路施設の種別ごとに、管理方針や点検方法、措置の内容等の維持管理行為をとりまとめたもの。「インフラ長寿命化計画」に基づいて策定する。
サービス提供者	アセットオーナー（ex. 道路管理者）にサービスを提供する委託先の人員。

2章
アセットマネジメント
システムの解説

2.1 アセットマネジメントシステムの構築の流れ・ポイント

ISO 55000において、アセットは「組織にとって、潜在的に又は実際に価値をもつ項目、物又は物体」と定義されている。また、アセットマネジメントは「アセットからの価値を実現化する組織の調整された活動」、アセットマネジメントシステムは「方針、目標及びその目標を達成するためのプロセスを確立するための、相互に関連する又は相互に作用する、組織の一連の要素」と定義されている。

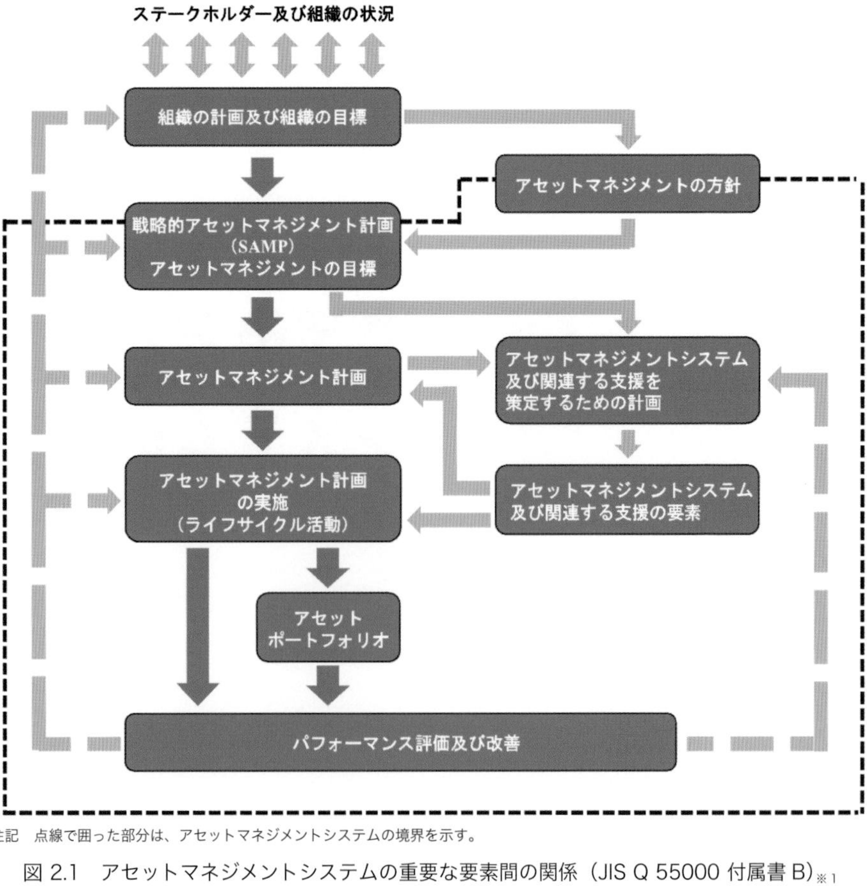

注記　点線で囲った部分は、アセットマネジメントシステムの境界を示す。

図 2.1　アセットマネジメントシステムの重要な要素間の関係（JIS Q 55000 付属書 B）※1

※1：PDCA サイクルになぞらえると、組織の計画と目標からアセットマネジメント計画までが計画 (P)、アセットマネジメント計画の実施とアセットポートフォリオへ働きかける組織活動の部分は実行 (D)、パフォーマンス評価及び改善はそれぞれ評価 (C) と改善 (A) に相当する。

図 2.1 は、組織が新たにアセットマネジメントシステムを構築したり、既存のアセットを改善するための目指すべき姿を示している。

「組織の計画及び組織の目標」は、トップマネジメント（最高責任者）により、「組織が置かれている状況」、「直面する組織内部の課題と外部の課題」、「ステークホルダーのニーズと期待」などから決定される。なお、既存の組織の場合、「組織の計画及び組織」の目標はすでに定められ、所与であることも多いと想定される。

トップマネジメントは組織のアセットマネジメントに焦点を当て、「アセットマネジメントの方針」を定める。「アセットマネジメントの方針」は、アセットマネジメントが「組織の目標及び組織の計画」と整合し、アセットからの価値の実現に貢献する取り組みを行う際の大きな枠組みとなる。「アセットマネジメントの方針」には、アセットマネジメントにかかるトップマネジメントの要求事項に適合し、PDCA を回すことによる継続的改善を目指すなどのコミットメントを示す。なお、「アセットマネジメントの方針」は、組織内部だけでなく、ステークホルダーをはじめとした外部にも表明され、組織のアセットマネジメントに関する信頼を獲得していくことに役立つ。

組織は、「組織の計画及び組織の目標」と整合し、「アセットマネジメントの方針」を実現するために必要となる中長期を視野に置いた「戦略的アセットマネジメント計画（SAMP: Strategic Asset Management Plan）」を策定することが有効である。アセットマネジメントはアセットのライフサイクルを通じて一貫したマネジメントがなされる必要があることから、SAMP には、組織の目標をアセットマネジメントの目標や目標達成のための計画にどのように変換したらよいかなどについて文書化される。

SAMP に基づき、組織の部門別、階層別のそれぞれの活動に対する相応の「アセットマネジメントの目標」を定める。「アセットマネジメントの目標」を達成するための「アセットマネジメント計画」を立案する。「アセットマネジメント計画」には、目標を達成するために、作業プロセスなどが規定される。だれが、いつ、どのような経営の資源を用い、何を行うかを定める。これにより属人的な活動を抑制し、組織的な活動の展開を目指す。さらに、「アセットマネジメント計画」には、アセット及びアセットマネジメントに内在するリスクを特定し、その影響を評価し、管理策を盛り込むなどのリスクマネジメントの手法を定める。

「アセットマネジメント計画」に基づく具体的な作業プロセスに従って、アセットに対するライフサイクル活動を実施する（図 2.1 中段）。

図 2.1 の中段の右側の「支援」に関する事項は、組織が、アセットマネジメントの目標を達成するための計画を策定する際には、適切な「支援（経営の資源）」（資源、力量、認識、コミュニケーション、情報、文書化した情報、など）を計画に盛り込み、支援要素を供給しなければならないことを示している。アセットマネジメントに投入される経営の資源の妥当性は計画段階で検討される必要がある。

図 2.1 の下段の「アセットポートフォリオ」は、アセットマネジメントシステムの適用対象と位置付けられたアセット群である。アセットマネジメント計画の実施からアセットポートフォリオへ伸びる矢印は、組織がアセットポートフォリオに直接働きかける活動（アセットの設置、取得、廃止、保守管理、改築更新、運転・操作など）を示す。アセットマネジメント計画の実施からパフォーマンス評価及び改善に伸びる矢印は、アセットに直接働きかけるものではないが、アセットマネジメントの一環としてなされる活動料金設定、情報提供、苦情対応、代替サービスの提供などの活動をさす。

図の最下段の「パフォーマンス評価及び改善」は、アセットマネジメントの運用におけるパフォーマンスを測定・モニタリングし、そうした情報を分析・評価し、日常的な改善や組織的な継続的改善を行うことを示している。そうした改善事項は、図 2.1 上部の各段階にフィードバックがなされ、アセットマネジメント、アセットマネジメントシステムの改善、組織全体の経営計画にも反映されることが示されている。こうしたフィードバックを通じて、アセットマネジメントのさらなる高度化を目指し、継続的改善が行われる。

2.2 アセットマネジメントシステムにおけるリーダーシップのあり方

トップマネジメントは、アセットマネジメントシステムに関して、リーダーシップを発揮する。コミットメントを組織内外に示すことはアセットマネジメントを良好な環境で展開する上で欠かせない。

トップマネジメントは図 2.1 の上部の「アセットマネジメントの方針」「SAMP」「アセットマネジメントの目標」を確立するとともに、アセットマネジメントシステムに必要な要求事項を業務プロセスに組み入れ、支援要素となるヒト、モノ、カネ、情報、資源、等の投入を確実に実行する責任がある。

トップマネジメントは、アセットマネジメント方針が、組織の計画・目標と整合的であるとともに、利用可能な経営資源、アセット、規模等に照らして適切なものであること、文書化され、利用可能であることを確保していかなくてはならない。

また、トップマネジメントは、責任と権限を割り当て、伝達することを確実にする責任がある。具体的には、SAMPの確立と更新、アセットマネジメントシステムの適切性、妥当性、有効性を確かにすることやアセットマネジメントのパフォーマンスを報告させ、アセットからの価値を最大化していくために継続的改善を促していくことも含まれる。

2.3 アセットマネジメントシステムにおける運用時に配慮する事項

運用とは、組織がアセットマネジメントの目標を達成するためにアセットマネジメントシステムを機能させることを意味する。要求されている事項を満たす、リスク及び機会への取組、アセットマネジメント計画、是正処置や予防処置を実施するためのプロセスを計画、実施、管理しなくてはならない。そのために、必要とされるプロセスにかかる基準の確立、基準に則った管理の実施、リスクへの対応とモニタリング等が必要となる。

また、アセットマネジメントシステムの運用においては、プロセス（手順）の変更、アセットマネジメントに携わる人材の変更、使用する機器等の資源の変更、法改正など多くの変更が生じる。その際に変更に伴うリスクを事前に評価し、必要な管理策を講じ、変更事項を運用の際に管理することはインシデントやリスクの発生を回避、軽減することに有効となる。

アセットマネジメントに必要な活動の一部を外部委託（アウトソース）することも多い。アウトソースした活動自体は、組織のアセットマネジメントシステムの一部として、管理対象となる。自らアセットマネジメントを行うのに比べ、一部のアセットマネジメントのプロセスなどを外部委託することは、新たなリスクの発生可能性があることと認識すべきである。外部委託先のアセットマネジメントを担当する者の力量、業務に対する認識の共有、情報の交換やコミュニケーションや記録の保持の方法などについて、事前に互いに確認することは外部委託することに伴うリスクを軽減することになる。

なお、外部委託した業務について、そのもとに生じたインシデントやリスクは発注者のオーナーシップの問題となることを認識し、外部委託先を決定する際にその信頼性を担保するため事前の評価を行うプロセスを確立しておくことが重要となる。

2.4 その他の配慮する事項

(1) リスクについて

「目標」、「計画」の策定にあたっては、組織全体、階層別・部門別の抱えているリスクを洗い出し、特定されたリスクを評価し、そのリスクを「回避」、「軽減」、「許容」、「移転」のいずれの方策をとるかを決定する。なお、ISO 55000では、「リスク」は「目標に対する不確かさの影響」と定義されている。ここでいう「影響」の意味については、ISO 55000 シリーズの技術委員会（ISO/TC251）で議論が継続して行われているが、「期待されていることから、好ましい方向又は好ましくない方向に乖離すること」と一般的に理解されている。

つまり、「リスク」とは当初期待していたことから「良い方向」と「良くない方向」の両方のブレのことをいう。日常的に私たちが用いている「危険」を表す「リスク」だけでなく、想定以上の「好機（機会）」も「リスク」の意味に含まれている。例えば、「好機（機会）」に属する「リスク」は、技術革新、良好な市場環境、想定以上の規制緩和などによる収支の改善や生産性向上などがあてはまる。アセットマネジメントを展開する中でこうした「好機（機会）」を捉えるプロセスを事前に備えておくことはチャンスを逃さない、チャンスを迅速に獲得する上で重要である。

リスクの内容とその影響度合いは一定のものではなく、事業のライフサイクルの各段階（フェーズ）で時間の経過とともに変化する。同一のフェーズの中でも時間の経過とともに変化する（経時的な変化）可能性もあることに注意が必要である。例えば、橋梁は多くの場合、時間とともに劣化が進行し、交通量などの利用状況も変化するため、リスクの内容、その影響度合いは経時的に変化していくことに着目してアセットマネジメントを展開することが重要である。

実現場での活動にあたっては、故障や事故などのインシデントの発生を事前に防ぐ予防保全に努めるために、日々のモニタリングや点検、定期点検、働く人々とのコミュニケーション、ヒヤリハットなどからインシデントの発生の可能性がある「リスク」を発見し、これを未然に防ぐためのプロセスを用意しておくことが有効である。また、他所、他者の事業で、発生したインシデントから、自らがマネジメントする施設における潜在的なリスク要素を発見し、改善に結び付けることも重要である。つまり、「対岸の火事」とせず、「他山の石」とする姿勢が欠かせない。そうした他の組織で発生したインシデントなどの情報を速やかに入手し、自らの組織のリスクマネジメントへ活用し、リスクの発生の軽減や緊急事態への準備に関する手順などの見直しなどにつなげていくことが重要である。そして、こうした見直し、改善を実務に携わる人々への教育、訓練、力量確保に展開することが有効である。

⑵ 階層別・部門別の「アセットマネジメント目標」の策定

「組織の状況」、「ステークホルダー（利害関係者）のニーズと期待」、「経営方針」、「戦略的な中長期経営計画」、「責任と権限」などをもとに、組織全体の「アセットマネジメント目標」だけでなく、トップマネジメント層、管理層、現場層など階層別、技術・財務・人材育成・研究開発などの部門別の「アセットマネジメント目標」を定めることが望ましい。部門別の目標だけでなく階層別の目標を策定することは組織横断的な活動を促し、縦割りの弊害の除去にもつながる。また、「アセットマネジメント目標」を策定したならば、前述したように、その目標を達成するために必要となる「計画」や「実施手順書（マニュアル）」などを策定することが重要である。

⑶ 情報、データの蓄積と引き継ぎ

アセットライフをゆりかごから墓場になぞらえると、「調査から廃棄」まで、一般に「調査・計画→設計→施工→運営→保守・維持管理→更新→撤去・廃棄」といった各段階（フェーズ）に分解できる。

こうしたライフサイクルの各段階（例えば、設計段階、施工段階、維持管理段階、更新段階）の内容、成果、記録、データなどを、次の段階に円滑に引き継いでいくことは、アセットから価値（利益・便益）を得るためのキーポイントとなる。その時に重要なことは前のフェーズまでに蓄積された情報やデータを引き継ぎ、それを次のフェーズで活用し、円滑な運用を行うことが有効である。

例えば、橋梁の点検、診断にあたっては、橋梁の設計、施工の状況、橋梁の台帳、維持管理・更新、これに要した費用、これまでの点検・診断結果、修繕・

インシデント・災害等の履歴など、前のフェーズまでに蓄積された情報やデータを活用することが望ましい。なお、このような情報、データが十分でないものも散見されるが、今からでも遅くない。現在の、設計、施工、更新工事等を実施中の案件などについてのデータ、記録、情報を蓄積し、分類整理し、管理することは、将来のアセットマネジメントが有効となるよう、今から始めることが重要である。その際、情報、データが現在の活動に活用しやすいだけでなく、次のフェーズの人々も活用しやすい環境とするためのデジタル化の方法に配意する必要があることはいうまでもない。

(4) アセットマネジメントの対象となるアセット、関係者の変化

事業のライフサイクル（調査・計画→設計→施工→運営→保守・維持管理→更新→撤去・廃棄）の各段階でハード、ソフト面でアセットの内容、また、関係者が入れ替わることに留意し、アセットマネジメントを展開することが重要である。ライフサイクルの各段階で、マネジメントの対象となるアセットを特定し、アセットマネジメントシステムを構築していく必要がある。

(5)「コスト」、「リスク」、「パフォーマンス」のバランス

アセットマネジメントにおいて、ライフサイクルにわたって「コスト」、「リスク」、「パフォーマンス」の3要素のバランスをとることが重要である。例えば、コストに関しては、初期投資、運転コスト、維持管理・更新コストの見通し、リスクに関しては、施設の故障、事故の頻度、災害の発生確率の見積もり、利用関係者からの苦情・評判などが挙げられる。パフォーマンスに関しては、アウトプット（生産量）、投資の現在価値（NPV）、投資資本の回収期間（payback period）、利益率（IRR）、アセットの 稼働日数（年間、月間）、施設利用率などが挙げられる。こうした「コスト」と「リスク」と「パフォーマンス」の3要素はトレードオフの関係にある場合が多い。例えば、行き過ぎた「コスト削減」は、「故障リスク」が高まり、施設の「パフォーマンス」が低下することも考えられる。従って、ライフサイクルの各段階（フェーズ）で、「コスト」と「リスク」と「パフォーマンス」のバランスをとるためには、様々な意思決定が場当たり的にならないように、あらかじめ定めておいた意思決定基準や手順に基づいて運用していくことが重要である。そして、運用状況をモニタリング、評価し、必要な改善を重ねることでアセットマネジメントのレベルはスパイラル的に向上していく。

また、自組織と他機関のアセットマネジメントプロセスを比較して改善活動

を進めるベンチマーク方式や個々のプロセスの成熟度のレベルを自己評価（成熟度評価）し、継続的改善につなげていくことも有効な方法である。

3章
道路施設の
アセットマネジメントシステム
構築に向けての留意点

本章では、道路施設に対して、ISO 55000 シリーズに則ったアセットマネジメントシステムを構築するにあたり、検討、設定すべき事項を留意点としてとりまとめる。本章の留意点をもとに、「4. 道路施設のアセットマネジメントシステムの構築」では手法や事例を交えた解説を行う。

3.1 道路管理者の組織関連のマネジメント

(1) 組織ビジョンの確認

道路施設のアセットマネジメントシステムの構築にあたっては、組織の総合計画や公共施設等総合管理計画など、上位計画や他計画の内容を確認する必要がある。

例えば、上位計画には以下のような項目が含まれている場合が多い。

●安全・安心に暮らすことのできる社会の実現

●低炭素・低環境負荷のまちづくり

●社会インフラの安定的な運用・維持

●持続可能な地域社会の構築

これらの方針を後述するアセットマネジメント方針等と関連付けし、組織として方針の一貫性を確保することが必要となる。

(2) ステークホルダー（利害関係者）のニーズ及び期待

道路施設に関する直接または間接的に利害関係を有するステークホルダーを特定し、特定した関係者の要求（ニーズ）と期待を整理する必要がある。

一般的には、国や県、市区町村などの道路管理者、道路利用者（納税者）、道路の近隣住民、議会、内部の財政部門等他の組織、外部委託する建設業者・コンサルタント等がステークホルダーとなる。

(3) 適用範囲の決定

アセットマネジメントシステムの適用範囲は、各道路管理者が管理する橋梁やトンネルといった道路施設に加え、道路施設の維持管理に係る各種計画や業務など、組織がアセットマネジメントシステムを導入する必要があるとする部門に設定することが望ましい。例えば表 3.1 に示すように、施設のみではなく、個別施設計画などの計画そのものや日常の業務や委託の管理なども含まれる。また、施設、計画、業務部門だけでなく、アセットマネジメントの成熟度に合わせ、組織全体の企画部門や財政部門などもアセットマネジメントの適用範囲としていくことは、「コスト、リスク、パフォーマンス」のバランスのとれたアセットマネジメントを展開する上で、有効である。

表 3.1　アセットマネジメントシステムの適用範囲の例

適用範囲の種別	例
施設	道路舗装、橋梁、トンネル、シェッド・大型カルバート、擁壁、のり面等土工構造物、道路照明、道路標識、カーブミラー など
計画	総合管理計画、管理者独自のインフラ管理に関する上位計画や基本構想、各施設の維持管理計画、長寿命化計画 など
業務	各種計画策定、点検、補修設計、補修工事、道路利用者からの要望・苦情対応 など

(4) アセットマネジメント方針

道路施設のアセットマネジメントシステムの構築にあたり、組織の目標と経営資源を十分に踏まえたアセットマネジメント方針を策定する。

策定にあたっては、総合計画や公共施設等総合管理計画など、他の上位計画を踏まえて策定することで施策として整合性、一貫性を持たせることが重要である。

アセットマネジメント方針は文書化され、道路利用者等ステークホルダーに開示することによって、アセットマネジメントの取組に対する説明責任を高めることに寄与する。

なお、アセットマネジメント方針は当初定めた方針を踏襲するのではなく、道路施設の維持管理等を実装するなかでサービスレベルや目標の達成度などから改善が必要となる場合がある。また、アセットマネジメント方針は、社会的な要請の変化にも敏感である必要がある。例えばコロナ禍の発生、デジタル化の進展は少なからずアセットマネジメント方針の改善の機会となりうる。

(5) アセットマネジメントシステム及び目標

1) アセットマネジメントシステムの導入と運営

道路施設の各事業に係る業務等の手順をPDCAサイクルの改善活動として整理する。業務等の手順の中では担当部署や役割を明らかにする。

PDCAサイクルの改善活動には、「事業の実施結果を踏まえたアセットマネジメント方針、アセットマネジメント目標の設定・見直しのサイクル」といったマクロマネジメントの視点と、「点検・診断の実施、予算制約を踏まえた計画作成、事業の実施、記録のメンテナンスサイクル」といったミクロマネジメントの視点があることに留意して構築する。

2) 戦略的アセットマネジメント計画（SAMP）及びアセットマネジメント目標

アセットマネジメントシステムのPDCAサイクルに対してマクロマネジメントからミクロマネジメントまでを一貫して運営するためには、戦略的アセットマネジメント計画（SAMP：Strategic Asset Management Plan）を作成することが必要である。

SAMPとは、「組織の目標」を、現場における施設の管理計画（「アセットマネジメント計画」）にどのように落とし込むかを明らかにするために、両者をつなげるものであり、SAMPの作成によって、組織の目標に対して取り組んだ内容とその達成状況を把握することができ、どう改善していけばよいかが明確となり、アセットマネジメント活動を継続的に改善することが可能となる。

例えば、表3.2に示すように、総合計画などの上位計画におけるまちづくりのあり方などの組織目標に対して、自部署が担う施設管理に対する方針を設定（アセットマネジメント方針）し、その方針に向けてどのような管理をするかの考え方（目標設定の考え方）を整理する。その目標を達成させるためのアセットマネジメントの役割を認識（アセットマネジメントシステムの役割）し、目標を設定する（アセットマネジメント目標）。そして、目標達成の状況を計測するための評価指標を設定する、というように、それぞれに関連性を持たせて整理する。

なお、例えばアセットマネジメント目標は「アセットからの価値の増分」、評価指標を「アセットの価値」といったアウトカム的なものでもよいし、アセットマネジメント目標は「計画の目標達成度」、評価指標を「計画の達成目標」といったアウトプット的なものでもよい。

目標や評価指標は、できるだけ定量化するのが望ましいが、定性的なものでも構わない。

SAMPを関係者間で共有することにより、管理者が日々行っている業務が組織全体の運営にどのようにつながっているか明確になり、業務の役割や重要性を再認識することにつながることも期待される。

表 3.2　アセットマネジメント方針・目標の関連と評価指標の例

アセットマネジメント方針	目標設定の考え方	アセットマネジメントシステムの役割	アセットマネジメント目標	評価指標
安全で環境への配慮を踏まえた維持管理を実施する	管理の不備による事故を発生させない	リスクを踏まえた管理水準を設定する 定期点検を実施する	管理水準の達成目標	事故件数 点検実施率
道路施設の維持管理について説明することによって理解を得る	管理方法や計画に対する理解を得る必要	ニーズに応じた事業計画の見直しを行う（提供サービスと必要事業費の関係を検証し、予算内での事業計画を作成）	住民・利用者から評価を得る	満足度、 苦情件数
路線特性を踏まえた効率的・合理的でメリハリある管理水準を行う	路線特性を踏まえて維持すべき損傷レベルを確実かつ効率的に行う	管理手法の設定（道路分類、管理水準、点検方法）の妥当性を検証し、PDCA サイクルを通じて改善する	適切な管理水準、点検方法の設定	道路特性別の水準の達成率
継続的改善を可能とする事業運営を行う	計画を確実に運営するため、業務の内容及び手順を体系化・標準化する必要	望ましい管理体制に見直し改善できるものとする	業務効率化となる体制や基準の設定（運用マニュアルの改定）	業務内容や基準の改定箇所数

(6) リーダーシップとコミットメント

組織の長はアセットマネジメントシステムのトップマネジメントとして、アセットマネジメントシステムの構築及び実施、並びにその有効性を継続的に改善するために、例えば下記に示すような事項に係るリーダーシップとコミットメントを示す必要がある。

- ●組織の目標等に即したアセットマネジメントの方針やアセットマネジメント目標の確立
- ●アセットマネジメントシステムのための資源（現行の体制で対応可能であるかどうか等）が適切であることの確保
- ●アセットマネジメントシステムに関する計画的かつ段階的な職員への教育の実施
- ●アセットマネジメントシステムがその意図した成果を達成することを確実にするための組織の構築、支援
- ●アセットマネジメントシステムの有効性を確認するための定期的なレビュー

3.2 計画・リスク及び機会のマネジメント

(1) アセットマネジメントシステムのためのリスク及び機会に対処する活動

アセットマネジメントの計画を策定するときには、あらかじめ外部と内部の課題、ステークホルダーのニーズ及び期待を踏まえ、望ましくない影響の防止・低減並びに継続的な改善を達成するために対処するべき「リスク管理策」を定める一連のリスクマネジメントを行うことが重要である。維持管理をするなかでリスク管理策を実装し、その効果を評価し、リスクマネジメントの改善を図る必要がある。

以下に、リスクマネジメントの手法について解説する。

1) リスクの特定

施設の維持管理においては多様なリスクが内在する。

例えば表 3.3 に示すようなリスクが挙げられ、施設自体が劣化損傷することのほか、対策が必要であると特定した箇所が予算制約によって対応できない恐れ、といったリスクがある。

このため、対象とする施設の修繕・更新事業におけるリスクは、「対象施設の特性に基づく潜在的事象と原因（施設リスク）」と、「業務実施上の条件に基づく潜在的事象と原因（業務リスク）」を想定して設定する必要がある。ここで設定されるリスクを踏まえた管理指標及び管理水準を設定する。

表 3.3　リスクの特定の例

リスク	例
施設リスク	施設の老朽化等に伴うリスク ・橋梁のひび割れや腐食の発生、断面欠損 ・トンネルの覆工のはく落の発生、漏水 ・舗装のわだち掘れの発生
業務リスク	修繕・更新計画の執行に関するリスク ・点検遅れ・未実施、点検・診断不備 ・財政不足 ・計画不備、計画未実施 ・点検・補修履歴データの消失

2) リスクの分析・評価

特定したリスクを分析し、その影響を評価する。

施設リスクとしては各損傷によって引き起こされる事態を把握整理し、業務リスクとしては、現状予算規模を踏まえた予算制約条件を検討する。

3）リスクの対応方針

リスクの大きさや発生頻度などを踏まえて業務における各種の検討方針を設定する。

具体的には、分析可能データ（数量、諸元、点検結果、修繕履歴等）の中で、リスクの大きさ・影響検討、対応の有無、適用工法選定、優先度評価などを行うものである。

(2) アセットマネジメント目標を達成するための計画策定

道路管理者が道路施設の維持管理に係る事業計画を確実に遂行するため、また、不確実な事項があった場合に確実に見直しができるようにするため、計画の運用手順などを作成する。

3.3 支援及び運用のマネジメント

支援のプロセスは、道路施設のアセットマネジメント目標等の達成を支援するものであり、達成状況を計測するために管理者が組織として取り組むものであり、「資源、力量、認識、コミュニケーション」について設定する必要がある。また運用計画を策定し業務プロセスやその記録保持について定めるとともに、変更が必要な場合の変更内容の管理、外部委託計画等を策定する必要がある。

(1) 支援

1）資源

体制面（組織体系、人員、人材（技術））、環境（関連システム、データベース等）など、組織内の状況を把握する。

2）力量

道路施設の各事業計画の作成及び実行を確実にするため、計画の作成及び実行に関わる道路管理者、サービス提供者に求められる知識や技術を明らかにする。

3）認識

アセットマネジメントの適用範囲や方針、目標及び自らの活動がアセットマネジメントの方針と目標の実現に寄与していることを理解し行動することが必要であり、そのために適宜教育訓練を実施する。

⑵ コミュニケーション

道路施設の事業計画がマネジメントのもとに確実に実施されるために、情報管理プロセスにおいて作成するワークフローにおいて伝達方法を定める。

⑶ 情報に関する要求事項

業務手順において、実施項目間のやり取りに伴う情報について、情報の種類、内容、作成者、やり取りの時期、形式（媒体）、様式、保存場所、保管期限などについて必要事項を協議の上で整理する。

⑷ 運用

1）運用計画の策定と管理

設定する管理方法及び事業計画に基づく事業の実施について、業務プロセス管理とその記録保持について定める。道路施設においては、後述する個別施設計画の作成が該当する。

2）変更管理

アセットマネジメント目標の達成に影響を及ぼすような変更が生じる場合は、変更を行う前に、変更に伴うリスクを評価し、該当する事象についてリスク対策を講じ、リスク対策を踏まえた必要な計画見直しを行い、管理者として変更内容を管理する。

3）外部委託

道路管理において委託を想定する調査や工事、データ管理等について、実施内容や方法、時期を設定する。

道路管理者が外部委託する際はサービス提供者（外部委託先）の力量等を評価するとともに、リスク分担を明確にし、アセットマネジメントを展開することが重要である。

外部委託によって要求する成果を確実に得るため、外部委託先に要求する資質（関連する資格、業務実績等）を明らかにする。これは、業務発注時の受注者要件になるものであり、外部委託する項目ごとに整理する。

特に、外部委託の際には実際に業務に従事するサービス提供者の力量が業務の成果に大きな影響を及ぼすことに配意し、外部委託先を選定することが重要である。

管理者側は、業務の難易度によって資格要件を明確にし、外注委託先のレベル設定を行うなどの工夫も必要である。

3.4 継続的改善のマネジメント

(1) パフォーマンス評価

以下の記述の多くは、ISO 55001を認証取得している組織に求められているパフォーマンス評価に関する要求事項である。ISO 55001の認証取得の有無を問わず、インフラメンテナンスの高度化、継続的改善に向けて、道路管理者及び道路管理者をサポートするサービス提供者等においても実装されることが期待される。

1) モニタリング、測定、分析、評価

対象施設の管理方法及び修繕・更新の事業計画の実行状況、さらに実行に係るプロセスを「モニタリング、測定、分析、評価」するための方法を検討し、設定する必要がある。

2) 内部監査

組織内部でアセットマネジメントシステムが回っているか、改善点等の適切性、妥当性、有効性を確認するための内部監査の仕組みが必要であり、道路の各維持管理事業実施の手順において、計画の進捗を確認する会議や場面を位置付けること等の方法も考えられる。

なお、マネジメントシステムに関する内部監査が認証の取得、継続に必要なイベントとして年中行事化し、形骸化している事象も散見される。アセットマネジメントは多くの場合、道路利用者などにサービスを提供する中で実施されることから、インシデント・不適合などの発生による社会的影響が大きい。したがって、組織自らが組織内で監査対象の業務について熟知した者を内部監査員に任命し、内部監査を実施することは予防保全、継続的改善の機会のために特に重要である。

3) マネジメントレビュー

道路の各維持管理事業の各場面において、トップマネジメントによる定期的なレビューにより、アセットマネジメントシステムの高度化を図る必要がある。なお、ISO 55002では「マネジメントレビューは、アセットマネジメントの方針及び目標が、組織の目標にとって適切であり続けるかどうか、さらに、新規及び更新されたアセットマネジメント方針及び目標を確立し、変更する必要があるか」などを検討する。検討結果に基づくマネジメントレビューのアウトプットとし、アセットマネジメントシステムの変更やアセットマネジメントの継続的改善をトップマネジメントは指示することが望ましい。

(2) 不適合及び是正処置

不適合や事故に速やかに対応するために、不適合の判断基準を設定し、発生時の初期対応（修正）及び発生原因の究明などを通じた再発防止を講じることが重要である。

1）予測対応処置

事業計画の実施において、橋梁の機能が劣ることなどの変化が生じることが予想される場合は、潜在的な不具合を特定するプロセスを確立することが重要である。

2）継続的改善

道路の維持管理方針及び個別施設計画について、PDCA サイクルの展開の中で得られた知見等をもとに改善し、経時的に変化するリスク評価の見直しを行い、継続的改善を図る。

4章
道路施設の
アセットマネジメント
システムの構築

4.1 道路施設アセットマネジメントの体系・サイクル

道路施設のアセットマネジメントにおける実務体系の基本的な概念は、メンテナンスサイクル「点検－診断－措置－記録」とマネジメントサイクル「計画（Plan）－実行（Do）－評価（Check）－改善（Act）」の両サイクルを回すことと表現できる。メンテナンスサイクルは、マネジメントサイクルの「実行（Do）」に当たるものであり、道路法に基づく定期点検、あるいは日常のパトロール等による対象施設の適切な状態把握のもと、必要な措置を行い、対象施設の必要な性能を確保する基本サイクルである。マネジメントサイクルは、メンテナンスサイクルをより効率的・効果的に回し、持続可能な仕組みとするための計画とその運用、段階的な評価・改善から成るサイクルである。

当該サイクルの対象アセットは、道路施設全体と捉えることも、あるいは例えば舗装や橋梁など、個別の施設種別等と捉えることもできる。マネジメントサイクルにおける「計画（Plan）」を個別施設計画と捉える場合、計画期間における対象施設の対策内容・時期や概算費用等の記載に留まらず、アセットマネジメントの目標や方針、実施体制等、戦略的な計画（例:行動計画等）を踏襲、または別途のそのような戦略的な（上位の）計画に基づくものとすることが重

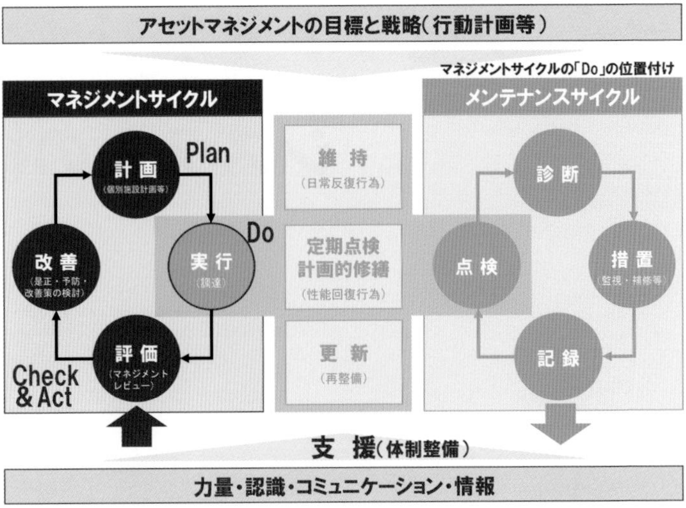

図 4.1　アセットマネジメントシステムの概念図（両輪の視点）

要である。「実行（Do）」は、管理者にとって、例えば点検・診断によって対象施設の状態を把握すること、補修等によって対象施設の健全性を回復または長寿命化すること、これら維持管理に係る情報を記録（蓄積）すること、といった目標とする結果を調達することといえる。この調達のあり方は、管理者自ら点検や維持作業等を行うといった直営によるほか、各種専門家への業務委託や工事請負等の契約によって行うことなどがある。

道路施設のアセットマネジメントにおける、より実務的な流れを下図に示す。なお、下図は「公共施設等総合管理計画」を上位計画としており、地方自治体のマネジメントサイクル（計画（Plan）－運用（Do）－ Check&Act（評価・改善））を念頭に、表記している。

計画は、対象となるアセットである道路施設全体の現状と課題を踏まえた取組の方向性を捉える。その上で、それらの管理の目標・方針を設定し、行動計画ともなる、道路全体の個別施設計画を設定する。この段階で、予算担当部局

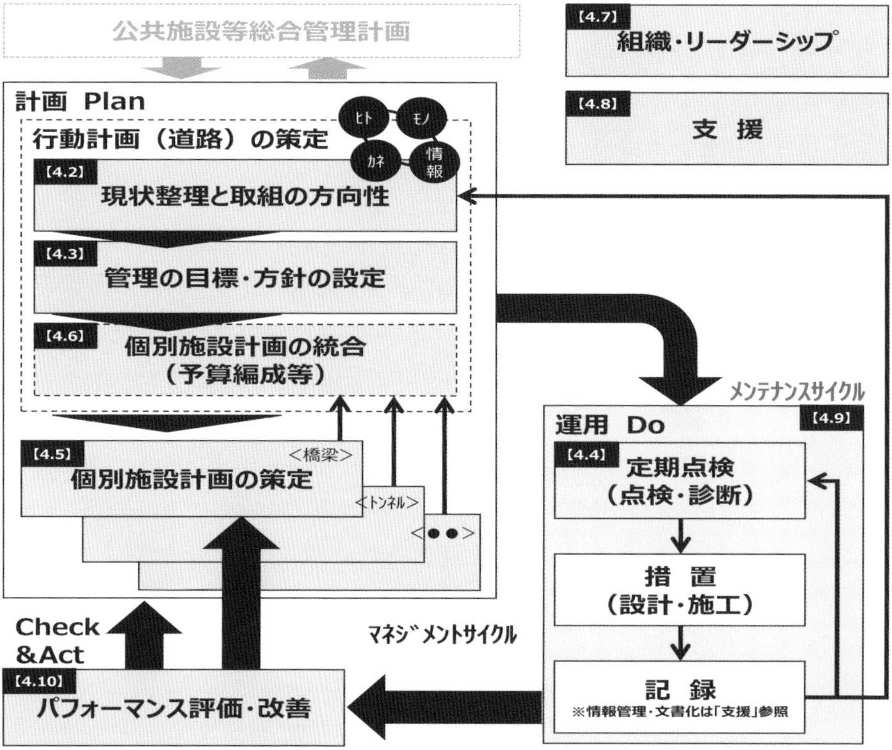

※図中の「4.2」等の番号は、次節以降の記載箇所を指す。

図 4.2　道路施設のアセットマネジメントに係る実務の基本的な流れ

との調整を行い、多年度にわたり必要となる予算に関して調整を行うことが重要である。また、道路施設全体の個別施設計画をもとに、橋梁、トンネル、一般部などの個別施設計画を策定する。計画の策定にあたっては、過去の施工、維持管理、点検などに対する情報をもとに、劣化予測などにより将来的に必要となる措置を念頭に計画を策定することがポイントである。すなわち、過去、現在、将来を俯瞰して時間軸を念頭に置いた計画とすることが重要である。

運用段階、すなわち現場でメンテナンスサイクルを回す段階では、個別施設計画に基づいて、日常的な点検、法令等に基づく定期点検等を行い、施設の健全度を診断し、具体的な措置を決定し、維持修繕、更新などを実施する。そうした運用の記録、パフォーマンス等を評価し、改善点を洗い出し、個別施設計画の見直しを行い、PDCA サイクルを回していく。

すなわち、計画―点検－診断－措置－記録―評価―改善のサイクルを回していくことが肝要であり、各項目ごとの詳細は、次節以降に記す。

4.2 現状整理と取組の方向性

4.2.1 道路施設管理の現状の整理

(1) 現状整理の必要性

アセットマネジメントを効果的に実践していくためには、今後の施設管理における実態や課題を的確に把握することが重要となる。ISO 55001 の要求事項においても、「組織及びその状況の理解」として、「組織は、組織の目的に関連し、かつ、そのアセットマネジメントシステムの意図した成果を達成する組織の能力に影響を与える、外部及び内部の課題を決定しなければならない。」と示されており、組織（ここでは道路施設管理者）がマネジメントを実践していくにあたって考慮すべき外部（例えば、道路利用者のニーズ、人口動態による外部環境変化、など）や、内部（例えば、管理施設の状態、管理体制、財政状況、計画等の運用や情報管理の実態、など）の状況を把握・想定し、課題を確認していくことが必要である。

アセットマネジメントの実践に必要となる資源（ヒト・カネ・モノ・情報）などの視点から、現状や将来の状況を的確に把握・想定し、課題（リスク）を明確にすることで、組織として取り組むべき事項を捉え、アセットマネジメントの目標を設定することが可能となる。

さらに、今後の道路施設管理の必要性や危機感を組織内（首長や財務系部署などを含む）に共有可能とするとともに、道路利用者や納税者など外部に向けても状況を発信することが可能となることから、現状整理や課題の分析はアセットマネジメントを一層推進していくためにも重要となる。

(2) 整理すべき項目や内容

今後の道路施設の維持管理における課題を明らかにするため、道路施設管理にかかる資源（ヒト・カネ・モノ・情報）の視点から、これまで（過去）・現在・将来にわたる状況を整理することが必要である。ここで、各資源の状況を整理するにあたっては、影響を及ぼす外部環境（人口動態などの変化、道路施設の利用形態など）も考慮することが必要である。

表 4.1　現状整理する項目の例

視 点	整理する項目の例
モノ（道路管理施設）	● 施設の数量 ●（建設当時の）施設の設計基準、仕様 ● 設計図書、出来高管理書類、検査書類 ● 施設の状態 ● 施設の利用状況 ● 劣化要因に関連する供用環境　など
カネ（財政・費用）	● 想定される予算規模 ● 必要となる維持管理費用の推移　など
ヒト（管理体制）	● 維持管理体制、人員・外注計画 ● 各維持管理対応の役割分担 ● 維持管理に係る民間事業者の体制　など
情報	● 維持管理関連情報の管理及び修繕状況 ● データベース等の活用状況　など

(3) 各項目の整理・分析方法

これからの取組や実態、将来にわたって見込まれる状況について、ヒト・カネ・モノ・情報の視点から整理し、その上で想定される問題点や課題を分析する。

ここで、これら事項の整理・分析は、蓄積・保管されている既存の情報を活用して実施する。そのため、現状では限界があることも想定され、整理・分析に必要な情報を、今後、確実に取得・蓄積していくことも課題の一つであると認識することも重要である。

1）道路施設を対象とした整理・分析

管理している道路施設について、以下の内容などを既存の情報を活用して整理する。

表 4.2　整理する内容の例（モノ：道路管理施設）

視点	整理する内容の例
施設の数量	● 施設種別や地域ごとの数量、将来的にも必要な路線網 ● 箇所数、延長・面積などの施設規模 など
施設の状態	● 健全性（I～IV）の割合・数量、これまでの推移 ● 供用年数、経過年数の分布 ●（例えば）50 年超過施設の数量 ● 施設種別や部材ごとの損傷内容 など
施設の利用状況	● 設置路線の路線種別や位置付け（緊急輸送道路等） ● 大型走行状況を含む、交通量などの道路利用者状況 ● 交差条件（道路種別、鉄道、河川等） ● 上下水道、電気、ガスなど道路空間利用の状況など
供用環境	● 大型車交通量 ● 凍結防止剤散布状況 ● 気象条件（気温、降雪・降雨） ● 路線及び周辺の地質状況 など

また、これらの情報により、以下のような観点から「今後の見通し」を評価し、施設の数量や状態など課題設定の基礎情報を整理する。

● 建設年度のピーク時期による高齢化段階（50 年など）への到達状況

● 今後の段階的な高齢化施設数の推移

● 管理施設の地域ごと数量や健全性の状況のバランス

● 劣化要因となり得る供用環境と損傷内容の関係・特徴

など

【事例：国土交通省近畿地方整備局】1/2

◆管理道路概要

> ➢ 近畿地方整備局では、一般国道 24 路線の総延長約 1,930km を管理しています。

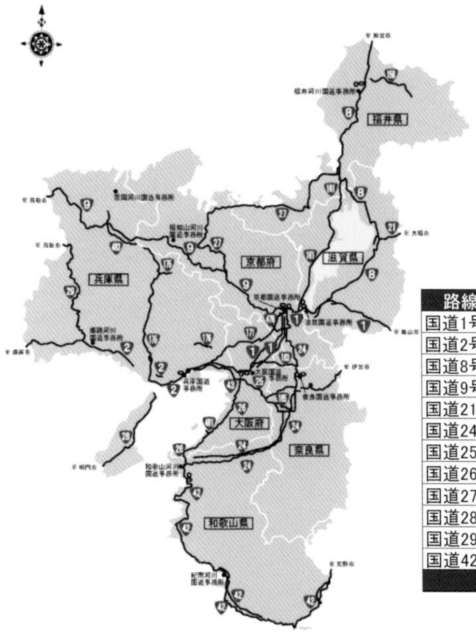

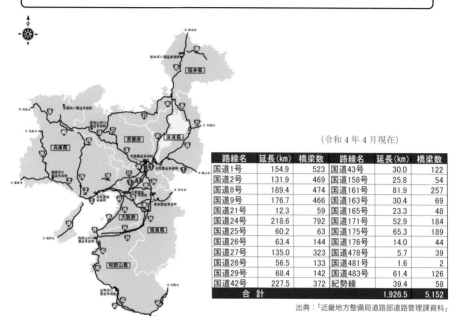

（令和 4 年 4 月現在）

路線名	延長(km)	橋梁数	路線名	延長(km)	橋梁数
国道1号	154.9	523	国道43号	30.0	122
国道2号	131.9	469	国道158号	25.8	54
国道8号	189.4	474	国道161号	81.9	257
国道9号	176.7	466	国道163号	30.4	69
国道21号	12.3	59	国道165号	23.3	48
国道24号	218.6	792	国道171号	52.9	184
国道25号	60.2	63	国道175号	65.3	189
国道26号	63.4	144	国道176号	14.0	44
国道27号	135.0	323	国道478号	5.7	39
国道28号	56.5	133	国道481号	1.6	2
国道29号	68.4	142	国道483号	61.4	126
国道42号	227.5	372	紀勢線	39.4	58
合　計				1,926.5	5,152

出典：「近畿地方整備局道路部道路管理課資料」

図 4.3　管理施設の数量や分布状況を示した例

府県別道路延長と 10 km当たり橋梁数

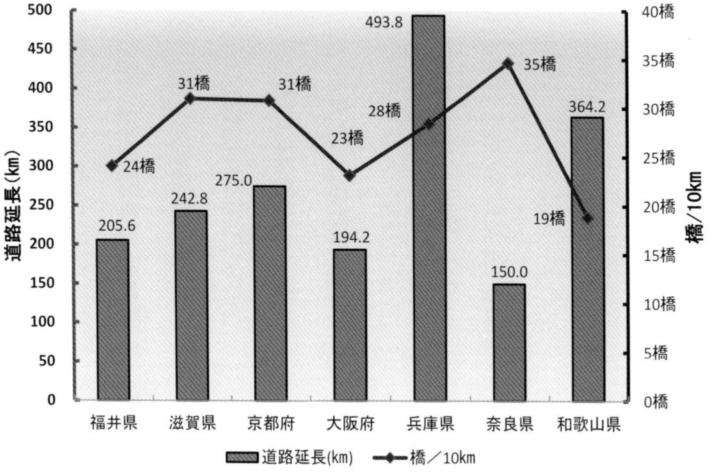

出典：「近畿地方整備局道路部道路管理課資料」

図 4.4　管理施設の分布特性を示した例

【事例：国土交通省近畿地方整備局】2/2

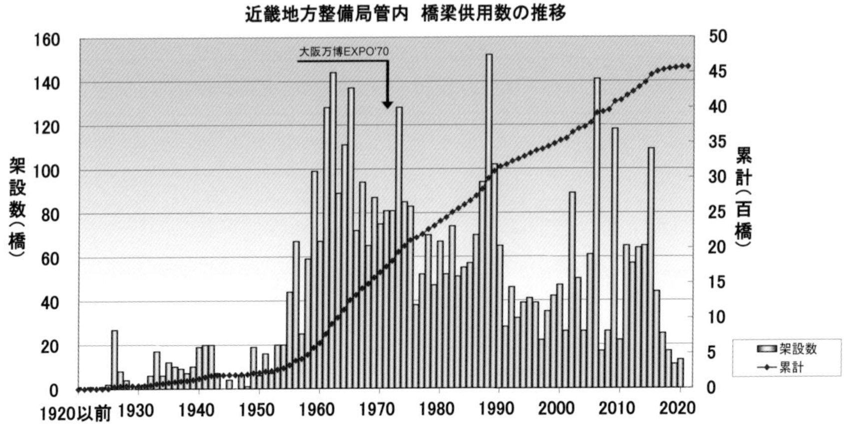

※建設年不明橋梁が約 580 橋あります。

出典：「近畿地方整備局道路部道路管理課資料」

図 4.5　建設年次ごとの施設数を示した例

◆架設から 50 年経過する橋梁割合の推移

（令和 4 年 4 月現在）

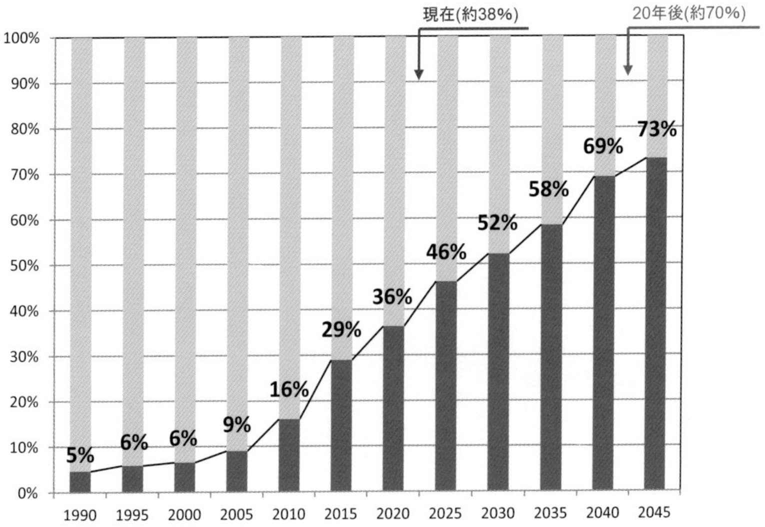

出典：「近畿地方整備局道路部道路管理課資料」

図 4.6　50 年経過する施設数の推移を示した例

2) 財政・予算や事業費を対象とした整理・分析

公共施設や道路施設管理に関連する財政や予算等について、以下の内容などを既存の情報を活用して整理する。

なお、「今後の維持管理費用の見込み」については、既存情報では整理されていない場合も多いことが想定される。後述する「4.5 個別施設計画の策定」におけるライフサイクルコスト分析の内容などを参考に算出することが可能である。

表 4.3　整理する内容の例（カネ：財政・費用）

視点	整理する内容の例
財政・予算状況	● 現状（これまで）の組織全体の予算規模 ● 土木分野や道路分野、維持管理分野の予算規模 ● 今後の人口動態やそれに基づく財政見込み など
維持管理事業費	● 現状（これまで）の維持管理事業の予算規模 ● 点検、調査・設計、工事別の予算規模 ● 今後の維持管理費用及び労働市場と物価の見込み など

また、これらの情報により、以下のような観点から「今後の見通し」を評価し、予算状況などの課題設定の基礎情報を整理する。

・今後の予算規模と将来の必要費用の見込みとのギャップやその推移

・施設や地域ごとのばらつき

・将来の時期や年度ごとの必要費用のばらつき状況

など

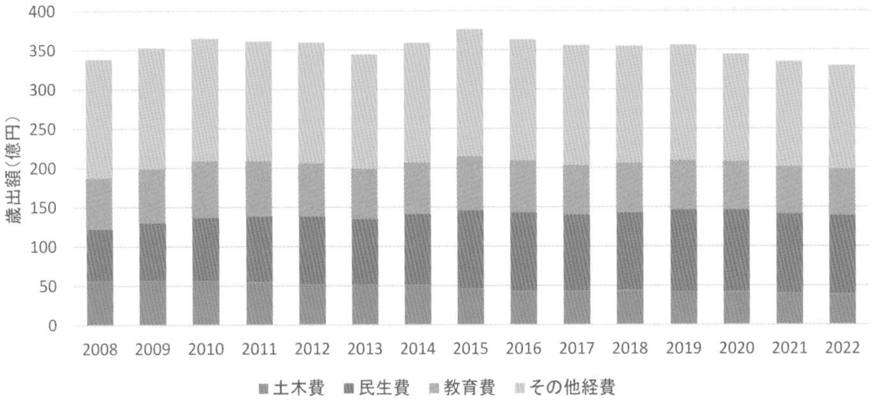

図 4.7　これまでの予算規模の推移を示した例

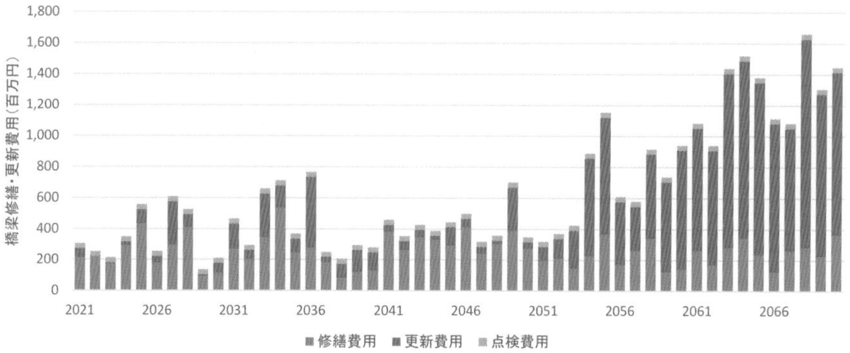

図 4.8　将来の必要費用の推移を示した例

3）維持管理体制の分析

道路施設の維持管理に対応する体制について、以下の内容などを既存の情報を活用して整理する。

表 4.4　整理する内容の例（ヒト：管理体制）

視点	整理する内容の例
管理者の体制	・道路施設管理に関連する職員数 ・道路施設管理に関連する技術系職員数 ・部署・係などにおける役割分担 ・担当職員の力量や認識，保有資格 ・人事異動に伴う引き継ぎ事項 ・情報、データの蓄積手段、必要となるデータ容量の確保 ・直営対応の内容やその手間・負担状況 など
役割分担状況	・民間への発注状況（内容、件数、額） ・民間発注額や件数の推移 ・管理者・民間の役割分担 など
民間企業の状況	・地域の土木系企業の状況（企業数、社員数） ・地域の土木系企業の受注状況（件数、額、推移） ・保有する技術力（実績、資格取得状況） ・業務実績に対する評価など

また、これらの情報により、以下のような観点から「今後の見通し」を分析し、維持管理体制の課題設定における基礎情報を整理する。

● 管理者内部の要員の業務量や負担の増加状況

● 地域の民間企業の減少や技術者不足

など

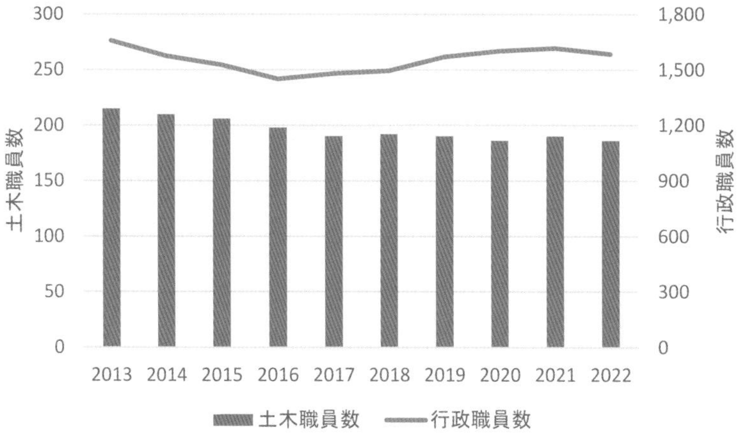

図 4.9　管理者の技術職員の推移を示した例

4) 情報管理状況の分析

道路施設の維持管理に関連する情報の管理や運用状況について、以下の内容などを既存の情報を活用して整理する。

また、これらより、今後の情報管理における課題設定の基礎情報を整理する。

表 4.5　整理する内容の例（情報）

視点	整理する内容の例
施設の諸元等	● 施設台帳の管理状況（紙、データ、データベース） ● 情報の更新ルール（いつ・誰が・どのように）など
点検等の状態	● 点検・診断結果の管理状況（紙、データ、データベース） ● 複数回実施の場合の蓄積・更新方法 ● 情報の更新ルール（いつ・誰が・どのように）など
設計・工事等の履歴	● 履歴情報の管理状況（紙、データ、データベース） ● CIM 等の活用状況 ● 情報の更新ルール（いつ・誰が・どのように）など
情報管理体制・仕組み	● 情報管理の担当体制 ● 異動時の引き継ぎ方法・ルール など

5) 事業実施状況の分析

アセットマネジメントの実施に先立ち、ヒト（管理体制）やカネ（財政・事業規模）、モノ（有形：道路施設、機器・道具、無形：知識・マネジメント手法等）、情報の視点から現状や今後の見通しを整理し、問題点や課題を分析する必要がある。一方で、すでに維持管理計画などを策定し事業を推進

（アセットマネジメントを運用）している場合には、これまでのアセットマネジメントの取組の実施状況を評価することも重要である。

平成19年4月に「長寿命化修繕計画策定事業費補助制度要綱について」が通知され、これを機に、多くの道路（橋梁）管理者が長寿命化修繕計画を策定・公開したが、結果として計画に応じた事業が十分に実施されていない状況など、いわゆる「絵にかいた餅」のような状況も多く見られた。

アセットマネジメントを的確に実施していくためには、策定した計画を確実に実践することを目指すとともに、計画どおりに事業が進捗しなかった場合には、その原因を把握し、次期計画に反映していくといったPDCAサイクルによる運用を行うことが重要となる。

そこで、既に維持管理計画などを策定している場合には、策定している計画に対して、実際の維持管理事業の年度ごとの事業規模や対象施設・費用などが、どの程度計画どおりまたは乖離しているかどうかを、時期・頻度を定め検証することが望ましい。検証においては、点検や調査・設計なども計画している場合には、それも対象とし、既存計画と乖離がある場合には、その原因（予算不足、他の優先施設発生など）についても分析する。

また、5年に1回の法定点検が求められる道路施設においては、早期に措置を講ずべき状態（健全性の判定区分Ⅲ：早期措置段階）と診断された施設に対して、次回点検までの措置実施が求められる。この観点から、健全性Ⅲ以上（Ⅲ及びⅣ）の施設を対象として、各施設の次回点検までの措置実施状況を検証することも必要となる。

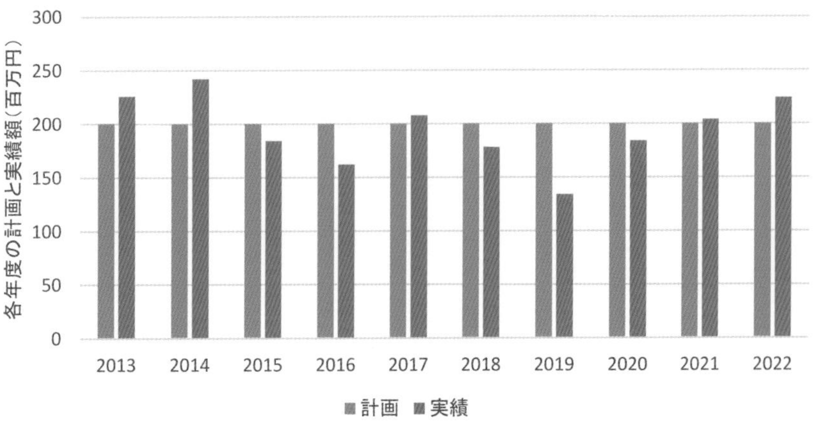

図4.10　計画に対する事業実績を示した例

【事例：国土交通省道路局】

3．判定区分Ⅲ、Ⅳの施設の修繕等措置の実施状況

（1）1巡目点検（2014～18 年度）の実施施設における修繕等措置の実施状況

①橋梁

- ○ １巡目点検（2014～2018 年度）で早期に措置を講ずるべき状態（区分Ⅲ）又は緊急に措置を講ずるべき状態（区分Ⅳ）と判定された橋梁のうち、修繕等の措置に着手した割合は、2022 年度末時点で、国土交通省 99%、高速道路会社 95%、地方公共団体 75%です。
- ○ 完了した割合は、国土交通省 70%、高速道路会社 75%、地方公共団体 56%です。
- ○ 判定区分Ⅲ・Ⅳである橋梁は次回点検まで（５年以内）に措置を講ずべきとしていますが、地方公共団体において５年以上経過していても措置に着手できていない橋梁は約２割あります。

※修繕等措置には、補修や補強などの施設の機能や耐久性等を維持又は回復するための「対策」のほか、「撤去」、定期的あるいは常時の「監視」、緊急に措置を講じることができない場合などの対応としての「通行規制・通行止」があるが、実施状況の集計からは「監視」及び「通行規制・通行止」は除く。

	措置が必要な施設数 A※1	措置に着手済の施設数 B（B／A）	うち完了済の施設数 C※2（C／A）	点検実施年度	措置完了率（C／A）	措置着手率（B／A）
国土交通省	3, 359	3, 337（99%）	2, 344（70%）	2014	92%	100%
				2015	86%	100%
				2016	76%	100%
				2017	64%	100%
				2018	37%	97%
高速道路会社	2, 533	2, 402（95%）	1, 905（75%）	2014	86%	100%
				2015	91%	100%
				2016	83%	100%
				2017	87%	100%
				2018	43%	81%
地方公共団体計	61, 466	46, 043（75%）	34, 357（56%）	2014	74%	85%
				2015	65%	81%
				2016	57%	76%
				2017	47%	68%
				2018	38%	65%
都道府県・政令市等	20, 071	17, 770（89%）	12, 974（65%）	2014	81%	93%
				2015	74%	93%
				2016	66%	88%
				2017	53%	83%
				2018	51%	87%
市区町村	41, 395	28, 273（68%）	21, 383（52%）	2014	69%	79%
				2015	61%	76%
				2016	54%	71%
				2017	44%	62%
				2018	31%	52%
合計	67, 358	51, 782（77%）	38, 606（57%）		57%	77%

凡例：措置着手率（B／A）　措置完了率（C／A）　想定されるペース※3（0%　20%　40%　60%　80%　100%）

2023. 3 末時点

※1：1 巡目点検における判定区分Ⅲ、Ⅳの施設数のうち、点検対象外等となった施設を除く施設数。
※2：2 巡目点検で再度区分Ⅲ、Ⅳと判定された施設でも、1 巡目点検に対する措置が完了した施設は含む。
※3：2022 年度末時点で次回点検までの修繕等措置の実施を考慮した場合に想定されるペース。

出典：「道路メンテナンス年報」（令和５年８月　国土交通省道路局）

図 4.11　健全性Ⅲ・Ⅳの施設に対する進捗状況を示した例（表 1.1 再録）

4.2.2 今後の維持管理における課題と取組の方向性

⑴ 今後の維持管理における課題分析

前項に示す方法にて整理したヒト・カネ・モノ・情報の視点による現状や将来見込みに対する課題を分析した上で、その解決に向けた取組の方向性を設定する。

なお、今後の維持管理における課題は、既存情報の整理・分析だけでは明確にならない場合もあることから、施設管理者の感じている顕在化している事象・事項などの「実感」も踏まえ抽出することも重要である。

⑵ 今後の取り組みの方向性

多くの道路管理者において、「ヒト（管理体制）」や「カネ（財源・予算）」の現状を維持していくことが困難になることも考えられる一方で、老朽化が進行する「モノ（有形：道路施設、機器・道具）」そして、熟練者の退職などによる「技術の継承問題（無形：知識・マネジメント手法等）」の顕在化が予想されるなかで、より一層の効率的・効果的な取組が必要となる。

限られたヒト・モノ・カネのもとで対応するためには、既存の対応だけではなく、多様な情報を効果的に活用することや、昨今、活発に開発されている新技術を積極的に導入すること、財政補助制度を検討しその活用を図ること、さらに民間と効果的に連携して事業を推進することなど、追加資源を活用して進める必要がある。また、本ガイドラインにて示しているような「アセットマネジメントシステム」を確立した運用も重要となる。

今後の取組の方向性として、「計画的なマネジメントを実現するための仕組みの構築」や「体制や予算不足を補完し道路サービスを確保・向上させる取組」、「情報や新技術の効果的な活用に向けた取組」などが想定される。これらの具体的な取組内容の例を図 4.12 に示す。

視 点	現状や今後に対する懸念の例
モノ	・老朽化の進行による対応すべき施設の増大 ・老朽化・災害等による安全リスクの増大 ・膨大かつ多様な施設とその劣化形態・原因 ・多様な各施設に求められる役割・機能 ・新技術の導入・活用が停滞
カネ	・財政規模の継続的な縮小 ・老朽化の進行による対策費用の増大・集中化 ・民間企業の設備投資・企業体力の低下
ヒト	・施設管理者の職員不足・技術者不足 ・職員のノウハウや技術力の継承が困難 ・発注や監督業務対応が煩雑・膨大 ・迅速な災害対応体制の確保 ・地元企業の人手不足・技術力の低下
情報	・諸元・点検・履歴等の情報がバラバラに管理 ・情報の電子化が十分になされていない ・情報管理（蓄積・更新）のルールが不明確
マネジメント	・策定した計画に対するフォローアップが不十分 ・方針や目標設定が明確ではない

課題解決に向けた取組の方向性の例	
計画的なマネジメントを実現するための仕組みの構築	体系的なマネジメントシステムの構築 限られたヒト・カネの中で運用可能な管理計画の策定 地域・路線特性による施設重要度に応じた管理計画策定 PDCA に基づく計画や体制の検証・見直しの仕組み 維持管理手順書（基準、ガイドライン等）の作成
体制や予算不足を補完し道路サービスを確保・向上させる取組	包括化や性能規定契約など民間発注形態の見直し 予防保全型の維持管理導入によるコスト縮減・予算平準化 老朽化や供用状況を踏まえた修繕・更新・集約化の見極め 財政規模や施設の状態を踏まえた予算計画の設定 予算確保に向けた説明性・必要性の高い計画の策定 人材の計画的な育成や確保の対応
情報や新技術の効果的な活用に向けた取組	データベース等による情報の一元管理 データ蓄積のルール化（項目、手順、管理部署等）

図 4.12　維持管理における課題と取組の方向性の整理の例

4.3 管理方針の設定

アセットマネジメントシステムにおける「アセットマネジメントの目標（4.3.1 参照）」、「アセットマネジメントの方針（4.3.2 参照）」として、本節に示す基本的な考え方を参考に、計画においてこれらの管理方針（目標・方針）を明確にするとよい。

4.3.1 管理目標の設定における基本的な考え方

対象施設を取り巻く現状と課題を踏まえ、管理の目標を設定する。目標は、管理に係る種々の計画において当該計画期間に対して設定するとよい。例えば下図のとおり、目指すべき道路管理のあり方やアウトカム（例：安全・安心の確保／必要なサービス水準の維持／持続可能な管理の実現等）の観点で目標を掲げることが考えられる。

【事例：神奈川県藤沢市】

（1）道路ストックマネジメントの目標

これまでに整理した現状と課題を踏まえ、道路ストックマネジメントの目標を次のとおり定めます。

道路ストックマネジメント関連計画に基づき、
市民生活を支える道路ストックの安全なサービスレベルの維持を図っていきます。

出典：「藤沢市道路ストックマネジメント計画」（令和２年９月 藤沢市）

図 4.13　道路管理における目標の設定例（イメージ）

【補足：最新の関連制度等との整合】

取組の運用検証・改善をより適切に行う観点から、数値目標等、可能な限り定量的に設定することが望ましい。例えば道路メンテナンス事業補助制度によれば、長寿命化修繕計画（個別施設計画）において、新技術等の活用や集約化・撤去に係る短期的な数値目標とそのコスト縮減効果を記載することが、優先的に補助が適用される要件ともなっている。

4.3.2 管理方針の設定における基本的な考え方

(1) 管理の基本方針 ～取組事項の棚卸し～

目標の実現に向け、道路施設の管理に係る基本方針を設定する。基本方針は、各管理者が抱える種々の課題を改善する観点から、改善目的と改善方策を明確にし、必要と考えられる取組を棚卸しするとよい。

取組の棚卸しにあたっては、例えば取組の視点（例：計画性、効率性、持続性等）から整理する考え方がある。計画性とは、中長期的な視点からコストの縮減や平準化のための予防保全への転換やそれによる長寿命化、その他メリハリのある管理方針の設定等の取組、効率性とは、新技術の導入や調達（発注・契約）手法の見直し等によって当該時点から効率化（生産性の向上）等を図る取組、持続性とは、これらの取組の実践やその段階的な改善を継続的に支える体制整備等の取組とする捉え方が考えられる。

このように、単に個別施設計画に基づく長寿命化等の取組の視点に留まらず、道路施設の管理を大局的に捉えた上で必要な取組を整理・認識し、それらを基本方針として明確化することが重要である。

なお、これらは例えば道路施設全体を対象とした総合的かつ計画的な管理のための行動計画（各施設種別の個別施設計画の上位計画）として、施設種別ごとの個別施設計画とは別途とりまとめることでもよい。

【事例：神奈川県藤沢市】管理の基本方針の設定

（2）3つの基本方針と12のプログラム

目標の実現に向け、3つの基本方針を定め、これに基づく12のプログラムを定めます。

基本方針 1　計画的な管理

本格的な道路ストックの更新時期を迎える前に、道路ストックマネジメント関連計画のもと、「中長期的な視点による管理」への転換を進め、計画的な管理の実現を目指します。

- プログラム ① 施設ごとの管理方針に基づく計画的管理への転換
- プログラム ② 中長期的な視点に基づく管理費の平準化
- プログラム ③ 社会経済情勢に応じた見直し・改善
- プログラム ④ 災害に備えた管理

基本方針 2　効率的な管理

限られた予算・人員の中で、安全な道路環境を提供するため、日常管理業務の生産性向上や、業務体制の見直しによるサービスレベルの維持を目指します。

- プログラム ⑤ 新技術の導入等による効率化
- プログラム ⑥ 関係機関等との連携による効率化
- プログラム ⑦ 契約手法の見直しなど効率化に向けた検討
- プログラム ⑧ 職員による直営点検等の充実

基本方針 3　持続的な管理

組織全体での一体的な取組意識醸成や職員の技術力の向上、管理情報のフィードバック等による持続的な管理（マネジメントサイクルの実装）など、マネジメント体制の構築を目指します。

- プログラム ⑨ 道路台帳GISを核とした情報管理体制の構築
- プログラム ⑩ 道路ストックマネジメント関係職員の育成
- プログラム ⑪ 職員のマネジメント意識の醸成
- プログラム ⑫ 市民・企業等との連携の拡大

出典：「藤沢市道路ストックマネジメント計画」（令和２年９月 藤沢市）

図 4.14　管理の基本方針（取組事項の棚卸し）の設定例

(2) 施設ごとの管理方針

道路施設の計画的な管理にあたっては、例えば“どの施設は今後も維持していくか（どの施設は廃止・撤去または集約化していくか）”や、“どの施設は／どのような保全の方法で／どのような状態を維持するか（どのような状態になったら措置を行うか）”といった管理方針を設定する。

施設ごとの管理方針は、主に①保全方式（図 4.18 参照）、②管理指標と管理水準、③その他管理に係る方針等の組み合わせなどから、管理者によって「管理区分」を任意に定義した上で、施設ごとに、採用する管理区分を設定する方法が挙げられる。

膨大かつ多種多様な道路施設について、それら全てを一様な考え方で管理することは合理的とはいえず、道路施設全体の視点から、施設種別間の相対的な位置付けや計画的な管理の優先性等によりメリハリのある管理方針を設定することが適当である。道路施設全体の視点からの管理方針の設定に係る考え方については、4.3.3 に示す。

同一の施設種別においても、例えば路線特性や施設特性等から施設の相対的な重要度を考慮し、それらに応じたメリハリのある管理区分の設定を検討するとよい。この際、複数の管理区分等の考え方によって、ライフサイクルコストやサービス水準（例：維持できる施設の健全性等）等を比較することで、最適な設定を検討することも考えられる。

なお、そもそも維持（保全）していくことを前提としない、つまり集約化・撤去とすることを見据えた管理区分を設けるようなことも考えられる。集約化・撤去の基本的な考え方については、4.3.4 に示す。

表 4.6　管理区分の設定例（イメージ）

管理区分	保全方式	管理指標	管理水準	その他（状態把握の方針）
管理区分1	予防保全	健全性区分	II	5 年に 1 回の定期点検
管理区分2	事後保全	健全性区分	III	日常のパトロール
⋮	⋮	⋮	⋮	⋮
管理区分X	（撤去前提）	―	―	撤去時期まで経過観察等
⋮	⋮	⋮	⋮	⋮

【事例：東京都武蔵野市】管理区分の設定

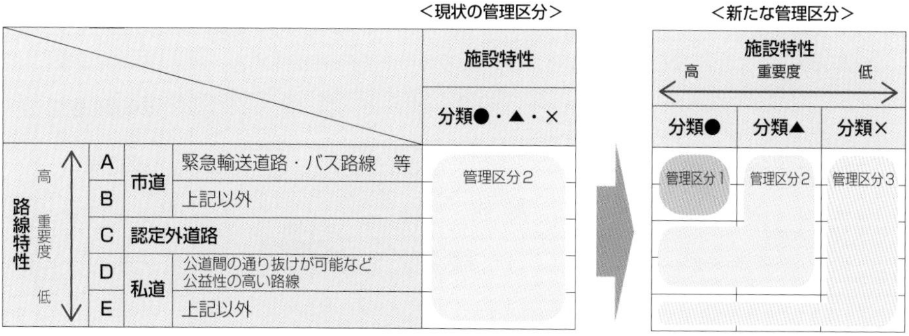

出典：「武蔵野市道路総合管理計画」（平成30年3月 武蔵野市）

図 4.15　メリハリのある管理区分の設定例（イメージ）

【事例：神奈川県藤沢市】管理区分の考え方

管理区分と対象施設条件	管理手法	点検方針
①予防保全型1 機能喪失による社会的リスクが極めて大きくかつ長寿命化によるライフ・サイクル・コスト(LCC)削減効果が高い施設 【主な施設】 ・道路舗装 （主要道路・交通量多） ・トンネル ・橋りょう（横断歩道橋含） ・大型カルバート　等	施設の機能に支障が生じる前に軽微な対策を行い、施設の安全性を高い水準で維持することで施設の長寿命化を目指します。 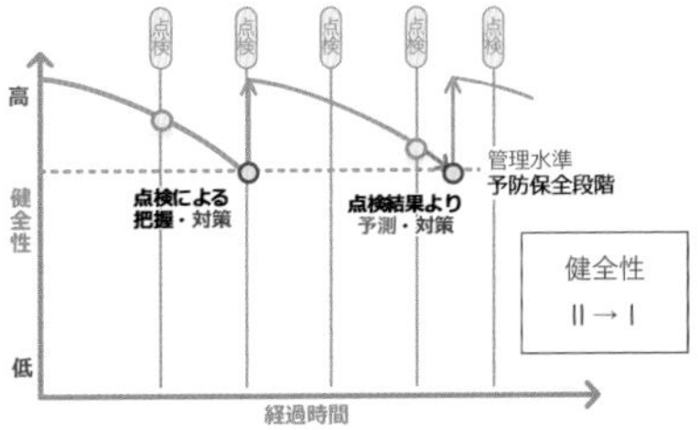	・パトロールなどの日常管理 **・5年に1度を基本とした定期点検** ※詳細は道路ストックごとに設定
②予防保全型2 機能喪失による社会的リスクが大きい施設 【主な施設】 ・道路舗装 （主要道路・交通量少） ・地下道（一部） ・道路照明灯 ・大型道路標識（一部）　等	施設の機能に支障が生じる可能性がある段階で対策を行い、施設の安全性を維持します。 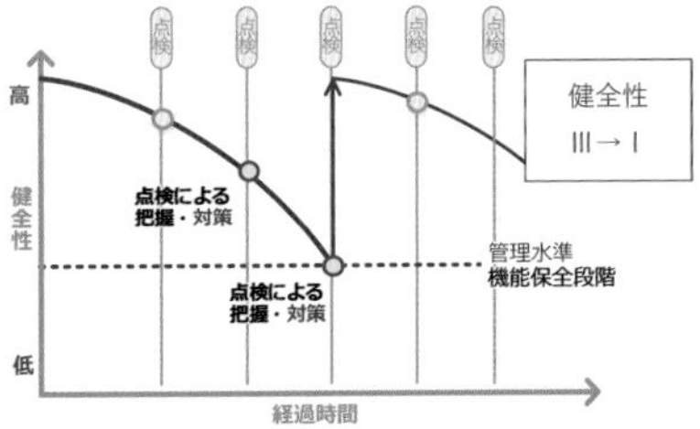	・パトロールなどの日常管理 **・10年に1度を基本とした定期点検** ※詳細は道路ストックごとに設定
③時間計画保全型 点検による健全性の把握が難しい機械設備等 【主な施設】 ・エレベーター ・エスカレーター　等	設定した耐用年数によって対策を行い、施設の機能と安全性を維持します。 ※保守点検等により異常が見つかった場合は、耐用年数に関わらず対策を実施	・パトロールなどの日常管理 ・定期的な保守点検
④日常管理型 機能喪失による社会的リスクが比較的小さいまたは更新が容易な施設 【主な施設】 ・道路舗装（生活道路） ・カーブミラー ・小型道路標識 ・路面標示　等	パトロールや、市民通報等による現地確認により、施設の機能低下が確認された場合に随時、対策を行い、事故等の防止に努めます。 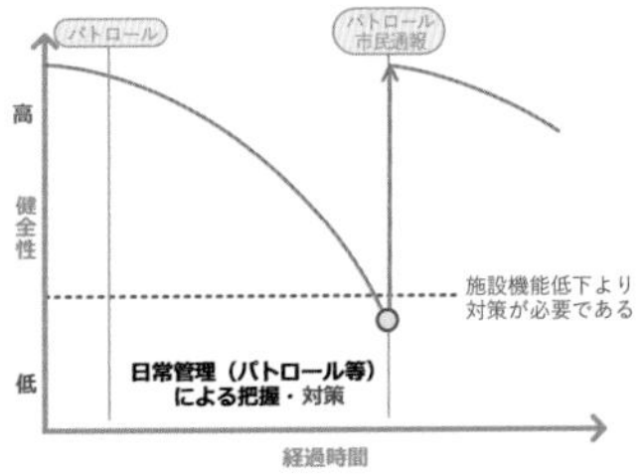	・パトロールなどの日常管理 ・必要に応じた点検 （10年程度）

出典：「藤沢市道路ストックマネジメント計画」（令和２年９月 藤沢市）

図 4.16　管理区分の考え方（例１）

【事例：東京都武蔵野市】

<table>
<tr><th rowspan="2"></th><th rowspan="2">管理区分</th><th colspan="2">イメージ図　【凡例】劣化曲線　○点検　●修繕　●更新</th></tr>
<tr><th>通常の場合</th><th>重要施設の場合</th></tr>
<tr><td rowspan="2">予防保全型管理</td><td>**管理区分 1**
定期点検を実施し、損傷が軽微な段階で計画的に対応</td><td>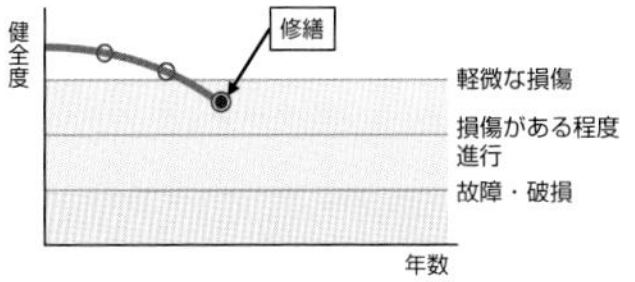</td><td>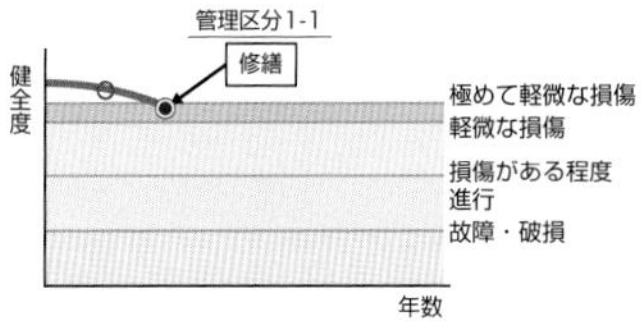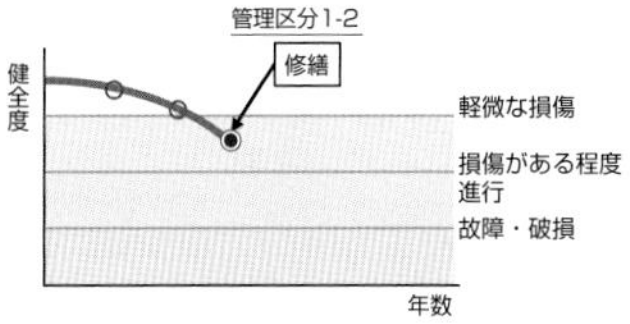</td></tr>
<tr><td>**管理区分 2**
定期点検を実施し、損傷がある程度進行した段階で計画的に対応</td><td colspan="2">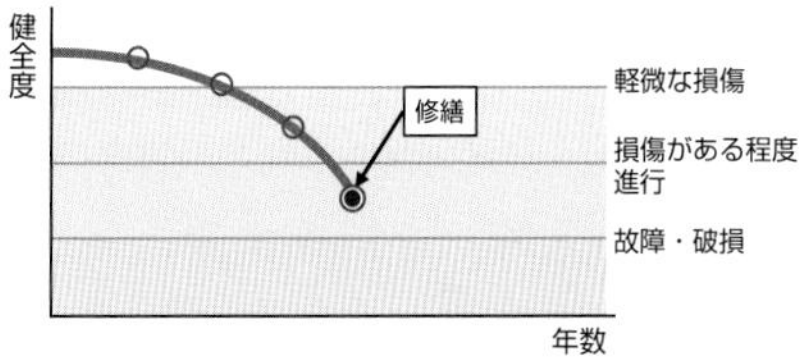</td></tr>
<tr><td>事後保全型管理</td><td>**管理区分 3**
定期点検は実施せず、パトロールや通報等で施設状態を把握し、施設が破損・損傷した後に対応</td><td colspan="2">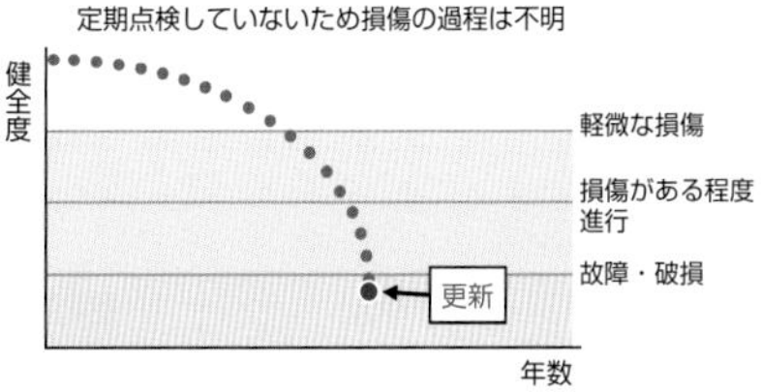</td></tr>
<tr><td>時間計画型管理</td><td>**管理区分 4**
あらかじめ定めた耐用年数に応じて、施設の機能に支障が生じる前に対応</td><td colspan="2">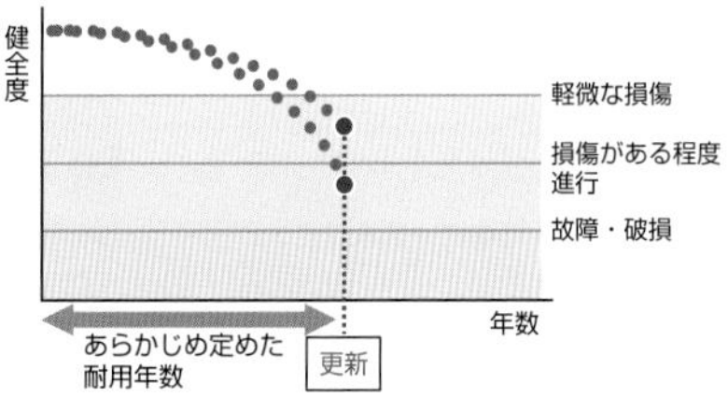</td></tr>
</table>

出典：「武蔵野市道路総合管理計画」（平成 30 年3月 武蔵野市）

図 4.17　管理区分の考え方（例２）

1）保全方式

保全の方式は、JIS Z 8115:2019 ディペンダビリティ（総合信頼性）を参考にする場合、図 4.18 に示すように、大きくは予防保全と事後保全に区分される。これらの保全方式の考え方を参考に、区分のあり方やその呼称については、管理者の判断で定義することは妨げない。例えば、保全の考え方としては下図の事後保全と同義であっても、日常のパトロールや通報により適宜措置を行う保全について、「日常管理（型）保全」等、呼称を工夫する事例もある。

特に施設の中長期的な管理費用（ライフサイクルコスト）の縮減、または管理する施設群の更新時期の集中を回避するためには、施設の長寿命化を図ることが有効な手段の一つである。一般に、施設の長寿命化にあたっては、変状が比較的軽微な段階でこまめに補修等の措置を行い、健全性を良好な状態に保つ予防保全を導入する。

予防保全は、基本的に当該施設の健全性の状態、または供用の状況（例：供用年数や稼働時間等）を把握することが前提となる。そのため、主に定期的な点検等の対象とする施設に導入しうる保全方式ともいえる。この場合、定期的な点検等の、施設の状態把握の実施方針（例：点検頻度／準拠する要領等）と合わせて検討するのがよい。

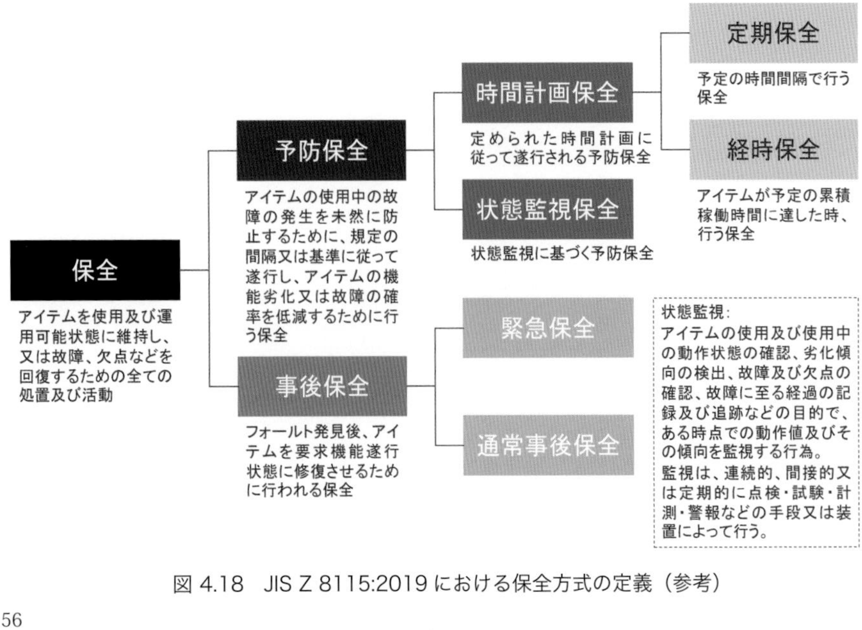

図 4.18　JIS Z 8115:2019 における保全方式の定義（参考）

2) 管理指標と管理水準

施設を計画的に管理するためには、前述した保全方式を定めるとともに、例えば“当該施設がどのような状態になったら補修等の措置を実施するか”といった、管理上の具体的な判断目安となる「管理指標」と「管理水準」を設定する。

管理指標とは、措置の判断の際に着目する、施設の状態等を示す指標（評価項目等）、管理水準とは、措置を行う状態と判断する（あるいは維持する施設の状態を表す）管理指標の値を指す。

管理指標の具体的な考え方としては、施設種別ごとに、定期的な点検等において評価･記録する状態指標の項目と整合するとよい。例えば舗装の場合、ひび割れ率やわだち掘れ量などが考えられる。その他橋梁等で、定期点検において損傷程度の評価（例：a ～ e）等を行う場合には、それらの評価における指標を管理指標とする考え方もある。

一方で、道路施設の場合、統一的な指標として、道路法に基づく健全性区分がある。これらはまさに、当該施設が予防保全の段階にあるか、早期に措置が必要な段階にあるかなど、措置の要否や切迫度から診断する区分であることから、道路施設の施設種別横断的な（共通の）管理指標とする考え方もある。

また、対策内容・時期などの計画の立案や管理のしやすさの観点では、管理指標・水準は、措置の実施単位（例：施設単位や部材単位等）で評価・記録されるものであることが望ましい。

なお、管理指標や管理水準は、必ずしも施設の状態で定義するものに限らず、例えば日常管理における管理行為である、巡回（パトロール）や緑地管理（除草・剪定等）等についての実施頻度（例：１回／月等）から定義する場合もある。

3) その他管理に係る方針

保全方式や管理指標・水準と合わせて、例えば点検等の施設の状態把握や対処方法（例:補修、更新または監視等）の方針について定めておくとよい。

【事例：神奈川県藤沢市】予算配分の考え方

道路施設全体の視点からの予算配分のあり方（予算制約に対する平準化等）を検討する際の参考指標として、施設種別間の相対的な位置付け（優劣）を整理している事例がある。

前述した計画的な管理の優先性といった施設種別間の相対的な位置付けの整理は、管理方針の差別化だけでなく、このように財政措置の検討における優先順位等の判断目安にもなるなど、道路施設の横断的な調整・管理に資するものといえる。

①道路ストック全体の管理費配分の見直し

今後、中長期的な視点による管理を進めていくにあたっては、必ずしも、これまでの管理費の配分が適切とは限らないことから、管理費の制約値を踏まえ、継続的に配分を見直していく必要があります。

「中長期的な視点による管理の必要性」と「安全性への影響」の観点から、横断的に施設ごとの管理費確保の必要性を相対的に評価し(図4-2)、それらを基に、ニーズに合った適切な管理費配分による平準化を図ります。

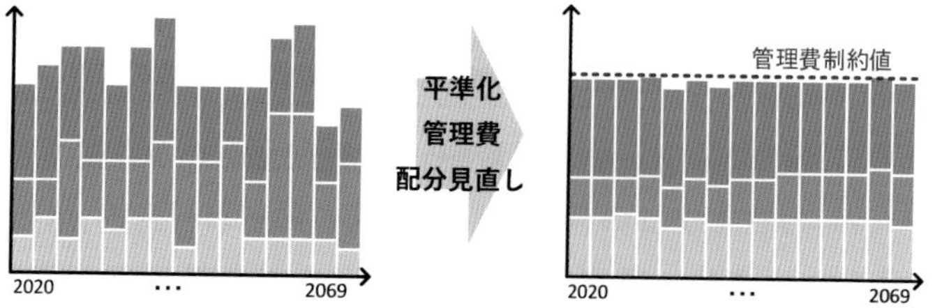

図 4-1. 管理費平準化・予算配分の見直し(イメージ)

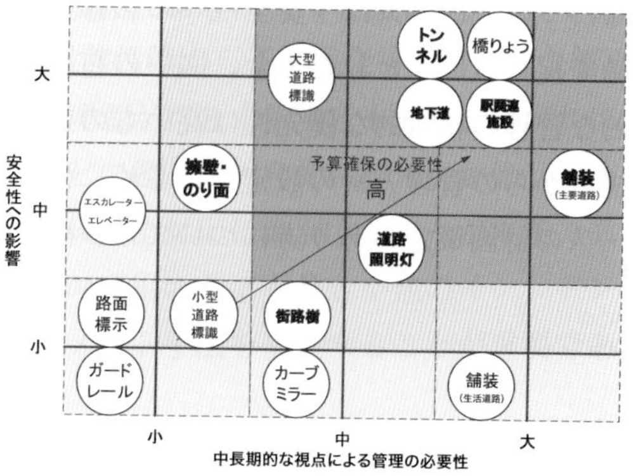

図

出典：「藤沢市道路ストックマネジメント計画」（令和２年９月 藤沢市）

図 4.20　施設種別間の相対的な位置付け整理を予算配分に活用する事例

4.3.4 道路施設の集約化・撤去の考え方

(1) 基本的な考え方

道路施設の管理の適正化にあたっては、単に現状管理している道路施設の全てを維持していくことありきではなく、道路施設の老朽化等の実態や社会情勢の変化、当該施設に建設当初期待された役割の現状の需要など、種々の状況を踏まえて、集約化・撤去という選択肢も捉えた管理方針の検討が重要である。一方で、道路は、生活や経済活動の基盤となるインフラであり、集約化・撤去に係る事業の推進は容易ではない。

例えば、橋梁等の道路施設の集約・撤去にあたっては、施設の老朽化、交通量や交通利便性の減少等も踏まえて地域の合意形成が図られているかなどを確認する必要がある。

いずれの場合も地域の合意形成、第三者の意見の反映など丁寧なプロセスを経る必要があるが、地域の重要な道路ネットワークの存続、ネットワークの安全性の確保、中長期的な維持管理コスト縮減の観点などから避けては通れない課題となっている。

後述する橋梁等の集約化・撤去や街路樹の再整備の事例はその一例をモデル化して示しているが、実際の合意形成にはきめ細かい対応が必要となる。例えば次のような条件下にある対象施設の集約化・撤去が適当かを検討し、丁寧な住民説明と合意形成等を図りながら事業が進められている。

● 施設の課題

⇒ 老朽化・著しい健全性の低下……利用者・第三者の安全性等への影響

⇒ 機能の陳腐化（例：耐震性・耐荷性の不足）……維持管理・更新予算を投下し続ける意義

● 施設の需要や代替性

⇒ 利用者（交通量）の減少

⇒ 代替施設がある

⑵ 橋梁の集約化・撤去の事例

橋梁の統廃合事例（事業内容）として、「単純撤去」、「撤去＋迂回路整備」、「車道橋から人道橋へのダウンサイジング」、「複数橋梁の集約化」などが挙げられる（表 4.7）。

事例における概ねの事業実施プロセスは図 4.21 のとおりである。個別橋梁において「老朽化・被災」、「耐震性、耐荷性不足」、「維持管理費用の増加が懸念」、「河川改修事業等に伴う他管理者からの架替要請」等がきっかけとなり検討を開始し、「ネットワークの重要性（重要路線、バス路線、防災計画上の避難路等と定められているか否か）」、「利用交通量の状況、代替機能の確保状況」等が検討事項となる。

道路橋の集約・撤去については、「道路橋の集約・撤去事例集　令和４年３月　国土交通省道路局」において、その意義や事例、主な検討項目・留意点が整理されており、参考にするとよい。

表 4.7　統廃合の種別（事業内容）

事業内容		概要	イメージ図	
			Before	After
単純撤去		迂回路整備を伴わない、橋梁の撤去	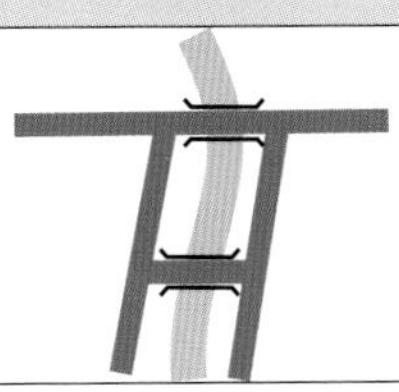	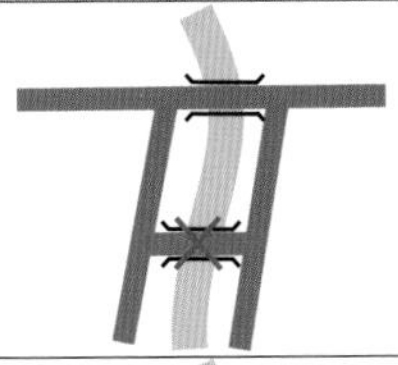
撤去＋迂回路整備		撤去に加え、撤去する橋梁の迂回路となる経路に対する整備を実施	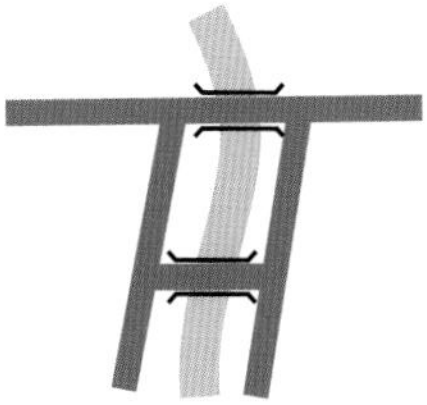	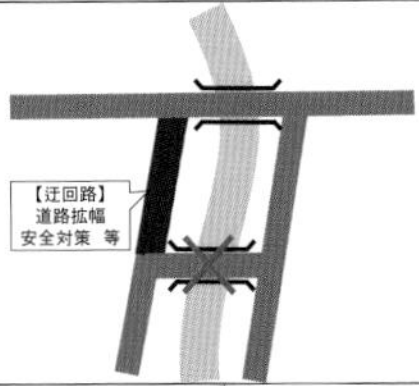
				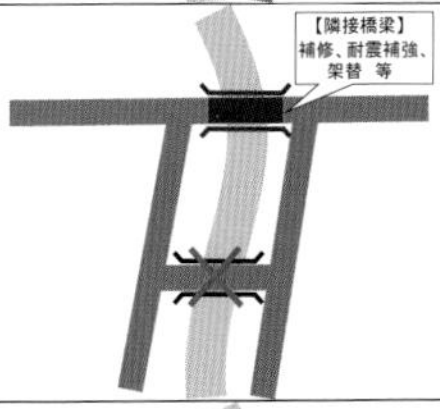
			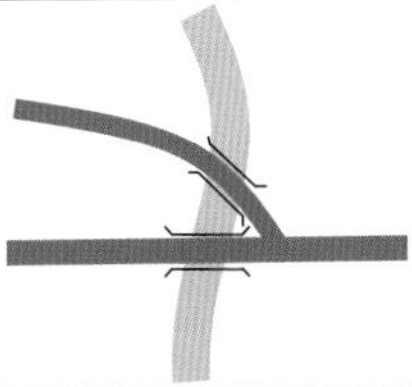	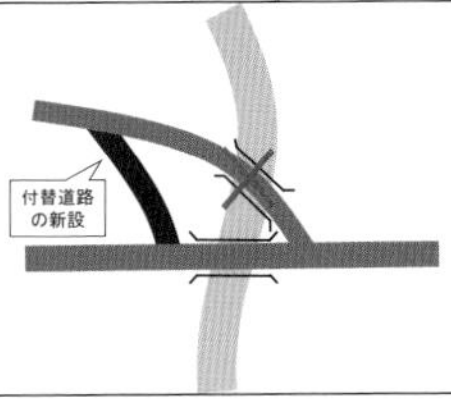
ダウンサイジング	既設縮小化	既設の車道橋を活用し人道橋等にリニューアル		
	新設縮小化	既設の車道橋を撤去し、人道橋として架替えを実施		
複数橋梁の集約化		隣接する複数橋梁を撤去し、機能を集約した橋梁を新設		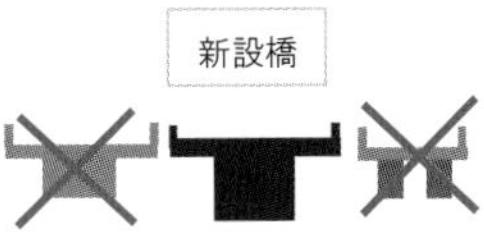

出典：「道路橋の集約・撤去事例集」（令和５年４月 国土交通省 道路局）

＜統廃合の検討に至るきっかけ＞

- 老朽化・被災（健全度Ⅲ、Ⅳ）
- 耐震性、耐荷性不足（補修・補強の実施が困難）
- 跨線橋などにおいて維持管理費用の増加が懸念
- 河川改修事業等に伴う他管理者からの架替要請

↓

＜統廃合の検討対象としている条件例＞

- 重要なネットワーク上ではない（各自治体で定めた重要路線、バス路線、防災計画上の避難路ではない等）
- 交通量が少なく（将来減少が見込まれる）、代替機能（迂回路等）が確保されている

（または、隣接した箇所に代替機能が安価に整備できる）

↓

事業内容の検討（代替案との比較等）

↓

地元、利用者等への説明会・合意形成

関係機関との協議（交差物件管理者、占用物件管理者等）

↓

事業実施の周知

↓

事業実施（設計・施工）

図 4.21　橋梁の統廃合の検討フロー（例）

【事例：国土交通省他】集約化・撤去

維持管理に関する負担の増加

地方公共団体が管理する橋梁延長が増加している一方で通行止め橋梁数が増加

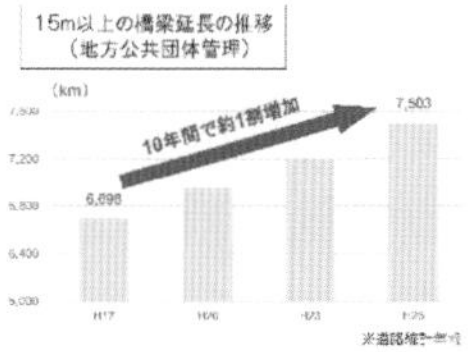

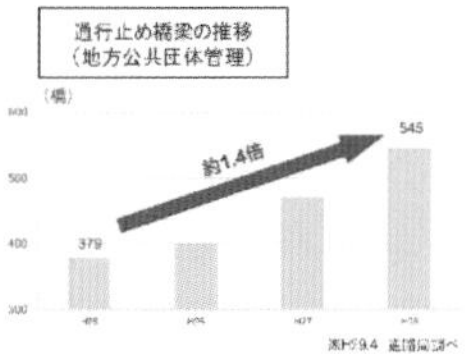

道路施設の集約化・撤去

維持管理費の負担増が想定されるなか、利用状況等を踏まえ、橋梁等※の集約化・撤去を推進

※橋梁以外の道路附属物についても、必要に応じて集約化・撤去を実施

■集約化・撤去の事例①（徳島県徳島市）

■集約化・撤去の事例②（北海道開発局）

集約化・撤去に対するニーズと課題

橋などの高齢化に対し、約2割の方が「集約や撤去を進める」と回答
集約化・撤去を進めていく上で「予算確保」「事例共有」が課題

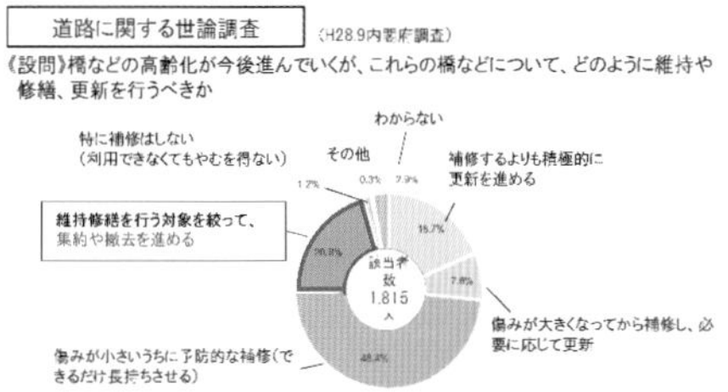

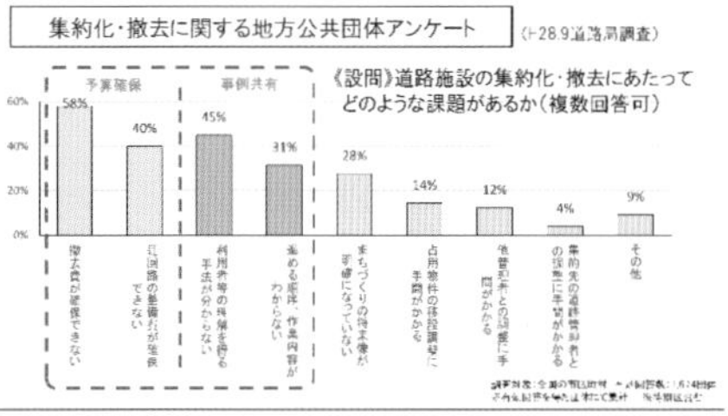

課題への対応

「予算確保」として、平成29年度より補助制度を拡充
「事例共有」として、優良な取組み事例をメンテナンス会議等で紹介

■ 補助制度の拡充

大規模修繕・更新補助制度に集約化・撤去※を対象として拡充

※撤去については、集約化に伴って実施する他の構造物の撤去に限る

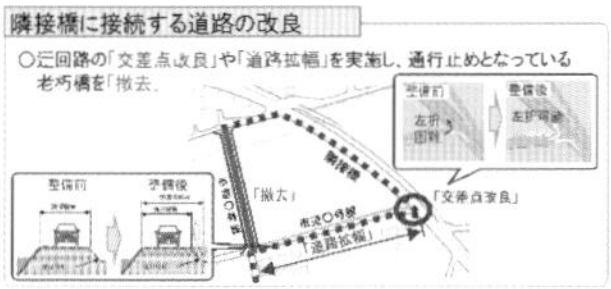

■ 事例紹介の実施

取組み事例を道路メンテナンス会議やホームページ等で紹介

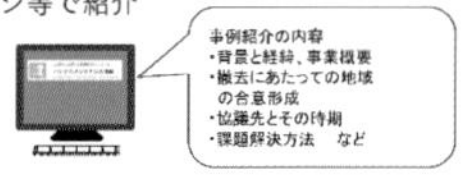

事例紹介の内容
・背景と経緯、事業概要
・撤去にあたっての地域の合意形成
・協議先とその時期
・課題解決方法 など

出典：「国土交通省資料」

図 4.22　集約化・撤去による管理施設数の削減例

⑶ 街路樹の再整備の事例

道路施設の一つである街路樹は、一般に道路緑化機能（①景観向上機能、②環境保全機能、③緑陰形成機能、④交通安全機能、⑤防災機能）を求められ、道路整備とともに積極的に整備が推進されてきた。街路樹は、橋梁等の構造物と異なり、生長することから、必要な頻度による剪定等の管理を要する。そのため、道路管理に係る費用において一定の割合を占めるものと考えられ、撤去や樹種変更（植え替え）等の再整備はコストの適正化も期待される。

街路樹も他の道路施設と同様に、現在、植栽後相当な年数経過したものも多く、老朽化及び大径木化が進行した樹木が通行者や周辺施設の安全性に影響を及ぼすといった問題が発生している。さらに、樹木の生長により管理費用の需要は増大する一方で、財源不足により予算の削減が求められ、街路樹の管理が粗放となっている例も見られる。

【事例：埼玉県春日部市】街路樹の再整備

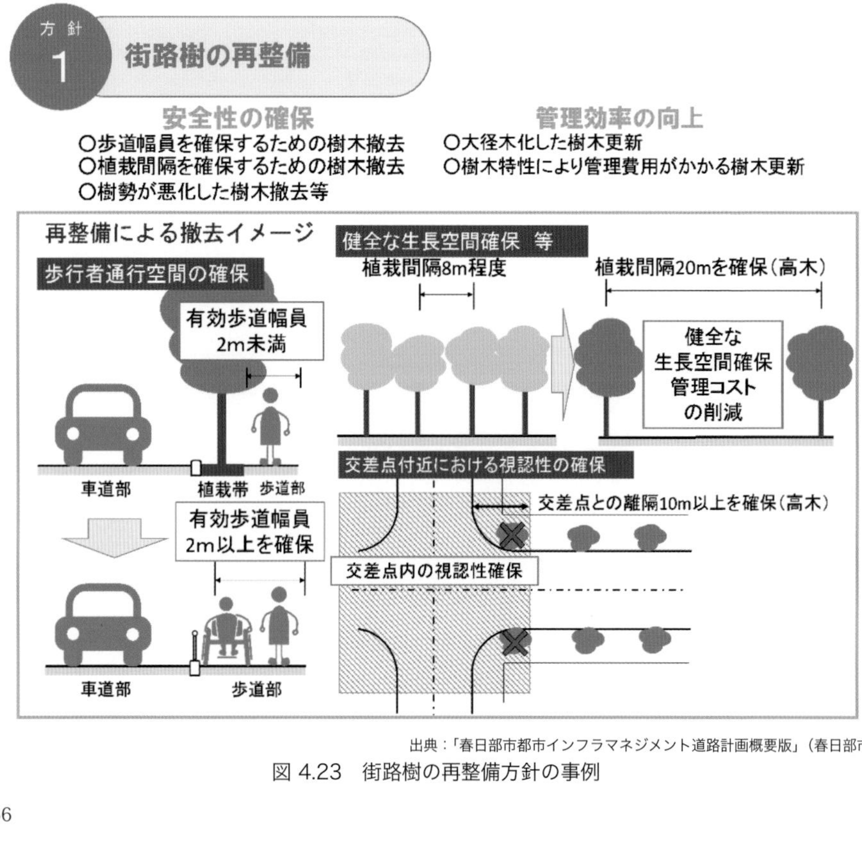

出典：「春日部市都市インフラマネジメント道路計画概要版」（春日部市）

図 4.23　街路樹の再整備方針の事例

そこで、抜本的な解決策として、撤去・更新（樹種変更含む）などの再整備を考慮した街路樹の個別施設計画を策定し、計画的な総量の適正化と保全する樹木の剪定管理等を進めている事例が見られる。具体的には、安全性の確保の観点と管理効率の向上の観点から評価項目を設定し、撤去や更新といった再整備の対象樹木を決定している。これらは、安全性の確保だけでなく、数量適正化（樹種変更含む）による管理効率の向上により、街路樹一本当たりへの管理の質の向上につなげることを目的としている。

また、街路樹は住民の思い入れがある場合も多く、事例では、市民アンケートを行い、住民にとって思い入れのある樹木は再整備の対象外（保全の対象）とすることで、住民の意向を踏まえた事業計画としている。

4.4 点検・診断

4.4.1 道路施設の点検・診断の概要

(1) 道路施設の点検と診断

道路管理者には、道路法により道路を常時良好な状態に保つように維持・修繕することが要請（義務化）されており、そのためにも適切な点検や診断により、管理する道路施設の状態を把握･評価することが求められる。ここで、「点検」と「診断」には、次のような違いがあるといえる。

「点検」は、対象とする施設について、今後の措置の方針を判定するために必要な情報が得られるよう、各部位･部材の状態を把握･記録するものである。「診断」は、この点検により得られた各部位・部材の状態に基づき、損傷の原因を特定した上で、措置方針や健全性を判定するものである。その判定には、発生している損傷の状態や進行可能性、部材等の重要度などを総合的に判断する必要があり、より高度な知見が求められる。

道路法第42条

道路管理者は、道路を常時良好な状態に保つように維持し、修繕し、もつて一般交通に支障を及ぼさないように努めなければならない。

道路法施行令（第35条の2）

道路の点検は、トンネル、橋その他の道路を構成する施設若しくは工作物又は道路の附属物について、道路構造等を勘案して、適切な時期に、目視その他

適切な方法により行うこと。

道路法施行規則（第４条の５の６）

点検は、トンネル等の点検を適正に行うために必要な知識及び技能を有する者が行うこととし、近接目視により、五年に一回の頻度で行うことを基本とすること。

⑵ 点検の種類

道路施設の点検は、その目的により方法や頻度が異なり、道路管理者は、目的に応じた各種点検を実施することが必要である。

①日常点検（道路巡回）

日々の道路巡回（パトロールカー内からの目視点検）により、道路の路面の損傷や落下物、道路附属物等の状態などを確認するもの。突発的に生じる不具合や損傷を早期に発見するために、高い頻度で実施する。

②定期点検

供用後２年以内に初回点検を、その後は原則として５年以内に、全部材に近接目視を基本とした点検を実施する（舗装は機械計測や目視評価が可能）。

国土交通省道路局により省令等に基づく点検方法が示された各施設の点検要領が定められており、道路管理者は、これらの点検要領に準じて点検を実施することが必要である。以下の国土交通省道路局の HP に定期点検要領（参考資料）等が公開されている。

国土交通省道路局 HP：https://www.mlit.go.jp/road/sisaku/yobohozen/yobohozen.html

③異常時点検

地震、台風、集中豪雨、暴風雪、大雪の災害時や、各施設に予期していなかった異常が発見された場合などに、各々の事象に特化した点検を実施する。

④特定点検

塩害やアルカリ骨材反応、鋼部材の疲労等の定期点検のみでは適切かつ十分な評価が困難な特定の事象に対して、定期点検とは別に、それぞれの事象に特化した内容により行われるもの。橋梁では、第三者被害予防措置点検（第三者点検）や塩害に関する特定点検（塩害点検）などが実施される。

⑤詳細調査

詳細調査は、損傷の状態をより詳細に把握する場合や、原因の推定や進行性の評価、あるいは次回定期点検までの補修や補強の必要性の判断などのために実施するものであり、損傷の種類に応じて適切な方法で実施することが必要である。

(3) 診断の実施

点検により把握された情報に基づき、損傷が発生している部材の重要性や他の部材との関係性、損傷の状態やその進行状況、考えられる原因や環境の条件、現状の耐荷力や耐久性、損傷の進行性など様々な要因を総合的に評価し、補修等の措置の必要性と緊急性を判断する。この際、施設の構造的な安全性と、耐久性確保の観点から判定することも必要である。

診断した結果について、単に損傷の外観的な特徴などの客観的事実を記述するだけでなく、可能なものについて推定される損傷の原因や、その原因から判断される安全性、損傷の進行性、他の損傷との関わりなど損傷に関する判定とその根拠や考え方など、施設管理者が対応方針を判断するために必要となる事項を所見として記録することも重要である。

なお、道路施設の診断においては、国土交通省告示第426号にて下表の区分により健全性を診断することが求められている。

表 4.8 健全性の判定区分

	区分	状態
Ⅰ	健全	構造物の機能に支障が生じていない状態。
Ⅱ	予防保全段階	構造物の機能に支障が生じていないが、予防保全の観点から措置を講ずることが望ましい状態。
Ⅲ	早期措置段階	構造物の機能に支障が生じる可能性があり、早期に措置を講ずべき状態。
Ⅳ	緊急措置段階	構造物の機能に支障が生じている、または生じる可能性が著しく高く、緊急に措置を講ずべき状態。

出典：「平成二十六年度国土交通省告示第四百二十六号」

(4) 点検や診断の体制

各道路施設は、施設ごとに様々な材料や構造が用いられており、また様々な設置条件（地盤条件など）や荷重条件（交通量など）、環境条件（降雨量、積雪寒冷、塩害）など多様な条件のもとで供用されている。また、これらによって発生した変状が、当該施設に与える影響、変状の原因や進行も異なることから、状態と措置の必要性の関係を定型化するのは困難である。また、点検時に記録に残す情報なども、想定される活用方法に応じて適宜取捨選択する必要がある。

そのため、法令（道路法施行規則）においても規定されているとおり、「必要な知識と技能を有する者」が点検や診断を実施することが必要である。「必要な知識と技能を有する者」は、次のいずれかの要件に該当する者である。特に、これまで述べてきたように、診断を実施するには、総合的な観点から損傷の原因やその措置の必要性・緊急性を評価することが必要となり、より高度な知識や経験が不可欠となる。

・対象とする道路施設に関する相応の資格または相当の実務経験を有すること
・対象とする道路施設の設計、施工、管理に関する相当の専門知識を有すること
・対象とする道路施設の定期点検に関する相当の技術と実務経験を有すること

表 4.9　道路施設の点検・診断に関連する資格の例

資格名称	資格付与事業者
道路橋点検士	（一財）橋梁調査会
一級構造物診断士	（一社）日本構造物診断技術協会
土木鋼構造診断士	（一社）日本鋼構造協会
上級土木技術者	（公社）土木学会
コンクリート構造診断士	（公社）プレストレストコンクリート工学会
コンクリート診断士	（公社）日本コンクリート工学会
高速道路点検診断士	（公財）高速道路調査会
舗装診断士	（一社）日本道路建設業協会
RCCM	（一社）建設コンサルタンツ協会

道路施設の定期点検は、各道路管理者により、直営による対応と民間委託による対応を使い分けており、全て民間委託している場合もあれば、直営と民間委託を併用している場合などがある。ここで、対象施設の点検の難易度により、比較的単純な構造などの場合には直営で実施し、点検実施や判断の難易度が高い場合には民間委託とする場合もある。

また、一部の自治体などでは、道路の維持補修工事に橋梁点検を包括して発注しているケースや、橋梁の修繕計画や補修設計、補修工事と橋梁点検とを包括して発注しているケースなどの取組も進められている。

⑸ 点検や診断情報の記録・蓄積

点検により把握された結果は、即時的な補修対応だけではなく、維持・修繕等の計画を立案する上で参考とする基礎的な情報であり、適切な方法で記録し、蓄積しなければならない。定期点検においては、その記録様式、内容や項目について定めはなく、各道路管理者が適切に定めればよい（国土交通省道路局が作成している点検要領等を参考としてもよい）。ここで、記録の充実を図る場合には、その利活用目的を具体的に想定するなどし、記録項目の選定や方法を検討する。

維持管理にかかわる法令（道路法施行規則第4条の5の6）に規定されているとおり、措置を講じたときはその内容を記録しなければならない。措置の結果についても、維持・修繕等の計画を立案する上で参考となる基礎的な情報であり、措置の内容や結果も適切な方法で記録し、蓄積しなければならない。措置に関する記録様式、内容や項目についても定めはないが、後年、履歴が確認しやすく、補修履歴のトレーサビリティが容易になることなどに配慮して各道路管理者が適切に定めることが重要である。

繰り返し実施される各道路施設の点検結果等の記録は、今後も継続的に増加し膨大な情報となることが想定される。これらの情報を効率的に活用していくことが必要であるが、データベース等が十分に整備されていなかったり、データベースを導入しているが導入後のフォローアップが十分でなく、蓄積してきた記録やデータが十分に利用されていない道路管理者も多いのが現状である。そこで、国土交通省では、道路施設の点検データベースの整備に向け、取組を開始している（令和3年12月現在）。

具体的には、蓄積されている道路施設の点検・診断データを、道路施設ごとにデータベース（DB）化してAPIにより共有することにより、一元的に処理・解析が可能な環境を構築するものである。このデータベース（プラットフォーム）は、道路施策検討や現場管理等に活用するとともに、APIを公開し、一部データを民間開放することによりオープンイノベーションの促進を目指している。本データベース（xROAD）の概要を以降に示す。

【事例：国土交通省】データベース構築 1/2

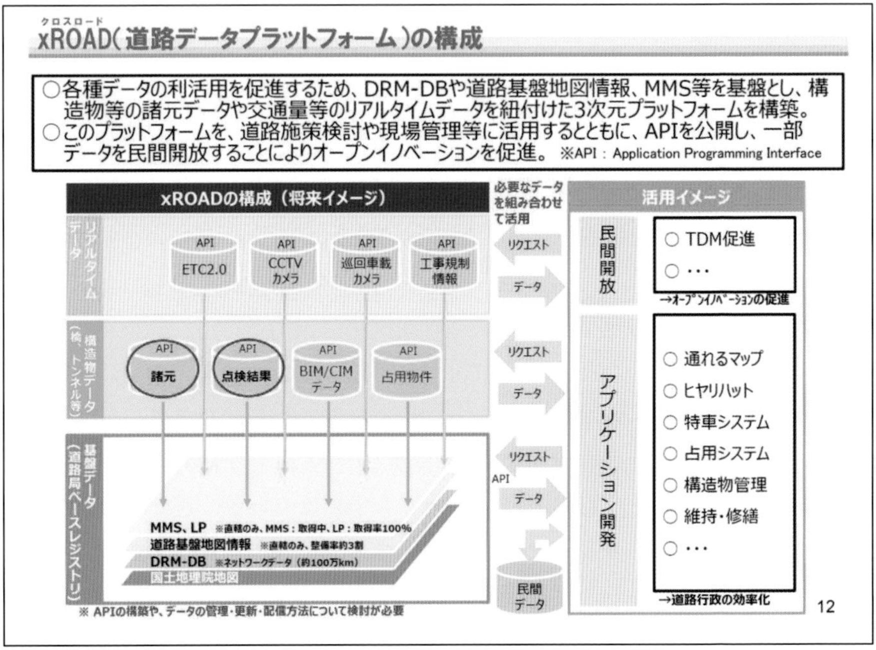

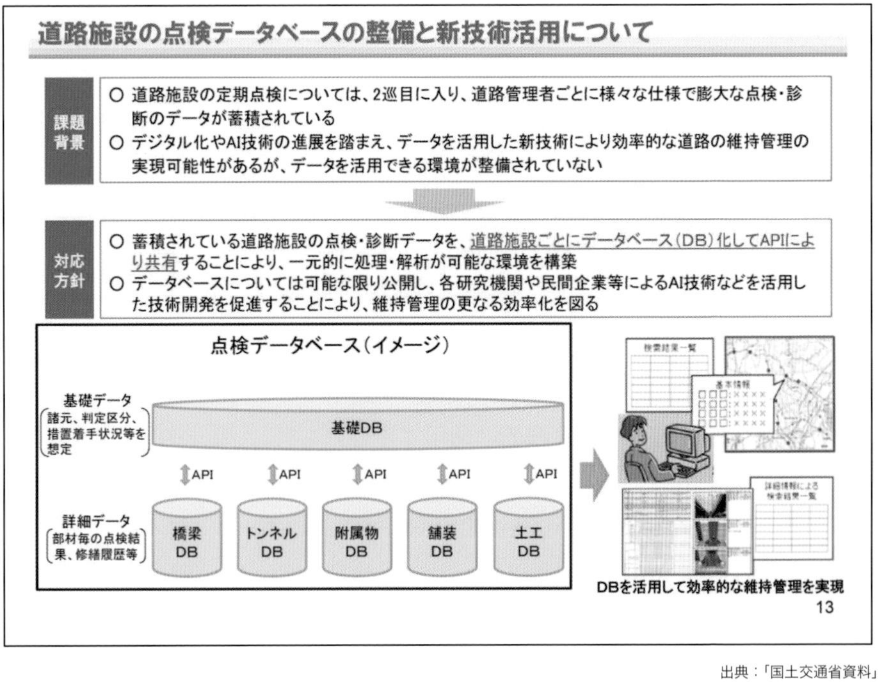

出典：「国土交通省資料」

図 4.24　国土交通省道路データプラットフォーム（xROAD）の概要　1/2

【事例：国土交通省】データベース構築 2/2

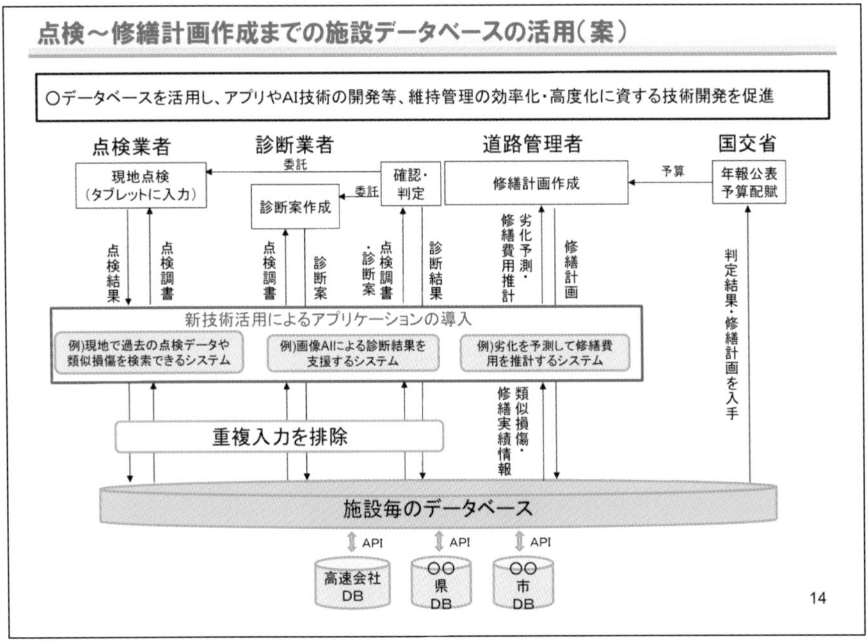

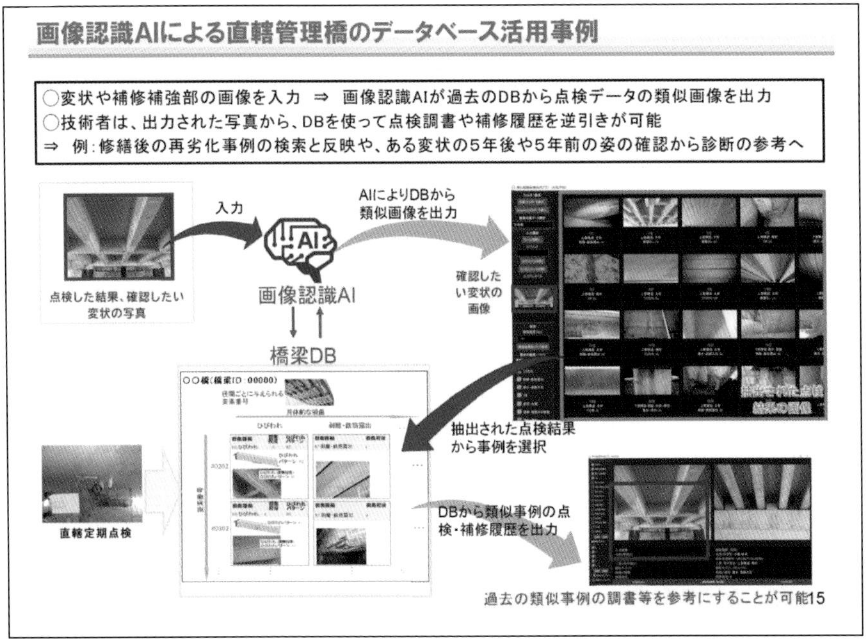

出典：「国土交通省資料」

図 4.25　国土交通省道路データプラットフォーム（xROAD）の概要　2/2

4.4.2 点検等への新技術の活用

⑴ 新技術活用の動向

限られた体制や予算の中で効率的に点検・診断を実施していくためには、新技術も積極的に活用していくことが重要である。

国土交通省においても、「安全、高品質、低コストな道路サービスの提供、道路事業関係者のプロセス改善、産業の活性化を目的に、良い技術は活用するという方針のもと、これまで新技術の活用が十分でなかった異業種、他分野、新材料等も含め、新技術開発・導入を促進」する方針を打ち出しており、毎年度の取組（新技術導入促進計画）の見える化や、新技術導入の隘路となっている公共調達の壁や現場に内在されているニーズの抽出等の課題克服への取組を推進するなど、様々な取組を行っている。

また、道路メンテナンス事業補助制度の補助要綱が令和３年３月に改定され、以下の事業を優先支援事業とするなど、新技術の積極的な導入促進を図っている。

● コスト縮減や事業の効率化等を目的に新技術等を活用する事業のうち、試算などにより効果を明確にしている事業
● 新技術等の活用に関する数値目標を設定している事業

新技術の導入にあたってのプロセスや留意点を整理した「インフラ維持管理における新技術導入の手引き（案)」も新技術の導入を加速し、横断的な展開を促進する要因となっている。

さらに、定期点検要領においても、以下のとおり新技術の適用を念頭においた記載となっている。また、新技術利用のガイドライン（案）や点検支援技術性能カタログ（案）（橋梁、トンネル、舗装を対象）など、具体的な新技術の内容や効果などを明示した資料等を広く公開し、その活用の促進を図っている。

● （橋梁）定期点検を行う者は、健全性の診断の根拠となる橋梁の現在の状態を、近接目視により把握するか、または、自らの近接目視によるときと同等の健全性の診断を行うことができる情報が得られると判断した方法により把握
● （舗装）巡視の機会等を通じた車上あるいは徒歩による目視や、路面性状調査による方法、簡易な機器を用いた調査による方法等が考えられる。

【事例：国土交通省】新技術導入推進状況

道路分野における新技術導入促進方針
＜基本方針＞
○ 安全、高品質、低コストな道路サービスの提供、道路事業関係者のプロセス改善、産業の活性化を目的に、良い技術は活用するという方針の下、これまで新技術の活用が十分でなかった異業種、他分野、新材料等も含め、新技術開発・導入を促進。
○ このため、道路技術懇談会を設置し、毎年度の取組（新技術導入促進計画）を見える化。その際、技術公募や意見交換により検討を加速化するとともに、現場の課題解決や導入方法（基準類への反映）検討のための体制も強化。
○ これらの取組により、新技術導入の隘路となっている公共調達の壁や現場に内在されているニーズの抽出等の課題を克服。
＜重点分野＞
斬新なアイデアを取込んだ道路の多機能化・高性能化
◆ 斬新なアイデアの取込み
・従来の道路の概念にとらわれない新しい技術の取り込み
◆ 新領域へのチャレンジ
・道路と他分野との連携を積極的に推進
斬新なアイデアや新領域の例
低位置照明
非接触充電技術
業務プロセスの効率化に資するICT技術等の活用
◆ 実務の効率化の例
・計測・モニタリング技術の活用など、近接目視によらない点検・診断方法の確立・導入
・衛星によるモニタリングなど、防災点検・土木構造物点検を効率化　等
ドローン（点検技術）
衛星技術
新技術・新工法の導入を可能とする技術基準類の整備
◆ 新技術・新工法の積極的な導入
・近年開発が進む軽量・高耐久の材料等を設計段階から取り込み、工事への活用を推進
・活用を可能とするための要求性能や性能の確認方法等の充実
道路技術懇談会
✓ 促進計画で取組む技術に対するリクワイヤメントの抽出
✓ 導入促進機関の審査
技術公募
＋
意見交換
検討を加速化
＜体制強化＞
導入促進機関
✓ 技術の導入方法の検討
✓ 技術の公募・実証
✓ 従来技術との比較
異業種・他分野とのイノベーション
①安全、高品質、低コストな道路サービスの提供
②道路事業関係者のプロセス改善
③産業の活性化
1

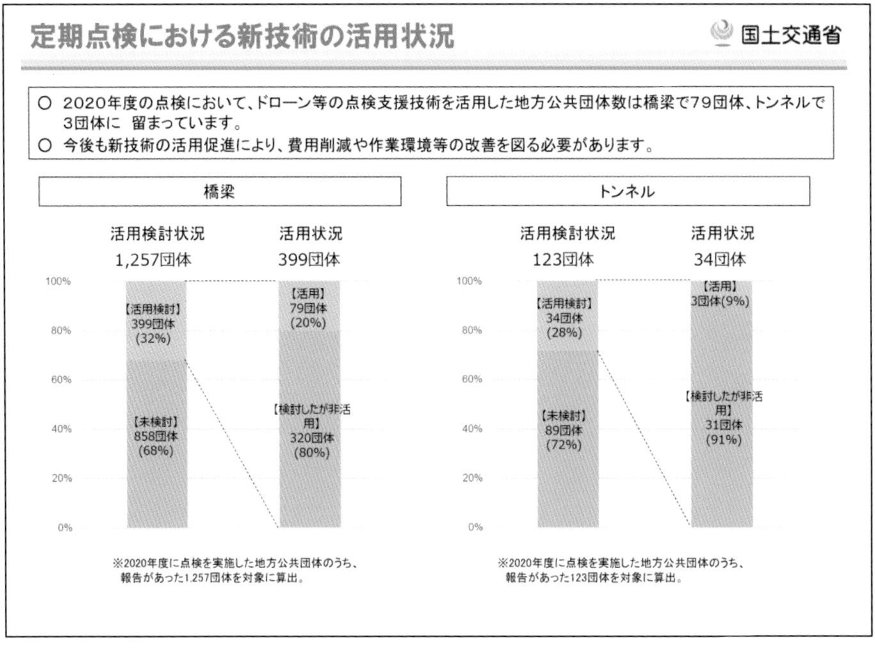

○ 2020年度の点検において、ドローン等の点検支援技術を活用した地方公共団体数は橋梁で79団体、トンネルで3団体に 留まっています。
○ 今後も新技術の活用促進により、費用削減や作業環境等の改善を図る必要があります。

出典：「国土交通省資料」

図 4.26　国土交通省における新技術導入推進状況

(2) 各施設の新技術情報を確認する方法

各道路施設の新技術の動向や具体例などについては、国土交通省をはじめとして様々な参考情報を提示している。これらも参考とし、点検・診断や補修・修繕、情報蓄積などの各場面における新技術の適用可能性を検討することが可能である。

なお、新技術の導入にあたっては、適用する施設への適合性、コスト、品質の面からその有効性について十分に検討する必要がある。

表 4.10　新技術の具体例などを確認できる資料の例（HP）

資料名	運用主体	URL
NETIS 新技術情報提供システム	国土交通省	https://www.netis.mlit.go.jp/NETIS
点検支援技術性能カタログ（橋梁・トンネル）	国土交通省道路局	https://www.mlit.go.jp/road/sisaku/inspection-support/
点検支援技術性能カタログ（舗装・道路巡視）	国土交通省道路局	https://www.mlit.go.jp/road/tech/pdf/catalog-hosou-zyunshi.pdf
新技術利用のガイドライン（案）	国土交通省道路局	https://www.mlit.go.jp/road/sisaku/yobohozen/tenken/yobo5_1.pdf
道路に関する新技術の活用（新技術に関する動向等を集約）	国土交通省道路局	https://www.mlit.go.jp/road/tech/
インフラ維持管理における新技術導入の手引き（案）	国土交通省総合政策局	https://www.mlit.go.jp/sogoseisaku/maintenance/_pdf/shingijutsu_tebiki.pdf
道路管理の新技術・好事例集	（公社）日本道路協会	https://www.road.or.jp/case_studies/pdf/00_first.pdf

4.5 個別施設計画の策定

4.5.1 計画策定の概要

(1) 概要

道路管理者は、国民の安全・安心を確保し、中長期的な維持管理・更新等に係るトータルコストの縮減や予算の平準化等を図るために、インフラの戦略的な維持管理・更新等を推進する必要がある。このため、「インフラ長寿命化基本計画」（平成 25 年 11 月 インフラ老朽化対策の推進に関する関係省庁連絡会議。以下「基本計画」という。）において、一般自動車道を含む「各インフラの管理者……（中略）……は、本基本計画に基づき、インフラの維持管理・更新等を着実に推進するための中期的な取組の方向性を明らかにする計画として、『インフラ長寿命化計画（以下『行動計画』という。）』を策定する。

さらに、各インフラの管理者は、行動計画に基づき、個別施設毎の具体の対応方針を定める計画として、『個別施設毎の長寿命化計画（以下『個別施設計画』という。）』を策定する」こととされ、国や地方公共団体、民間企業等が管理するあらゆるインフラを対象に、これらの計画の策定が進められているところである。

個別施設計画は、道路の各施設のうち、安全性、経済性や重要性の観点から、計画的な点検・診断、修繕・更新等の取組を実施する必要性が認められる全ての施設について、行動計画の対象とする。

注：例えば、橋梁、道路トンネル、シェッド、大型カルバート等、横断歩道橋、門型標識等、舗装を対象とすることが考えられる。

個別施設計画の策定手順、必要な要素技術は以下のとおりである。①管理方針の設定は、「4.3 管理方針の設定」で詳述しており、本項では以降で、②～④について概説する。

表 4.11　個別施設計画の策定手順・必要な要素技術

種類	概要
① 管理方針の設定 （管理水準の設定）	施設特性や路線特性を踏まえ、予防保全型や事後保全型等の峻別を行う。 ⇒「4.3 管理方針の設定」参照
② 劣化予測	施設の健全度の推移を予測し、措置が必要な時期を設定する。
③ ライフサイクルコスト （LCC）分析	施設単位または部材・部位単位において、予防保全型や事後保全型等の複数の措置方法を設定し、コスト縮減程度や費用の発生傾向（初期コスト、中長期的なコスト）を把握し、措置の具体を設定する。
④ -1 優先度評価	特定年度に事業が集中することを踏まえ、施設特性や路線特性等から事業実施の優先度を設定し、年度あたりの事業量の平準化を図る。
⑤ -2 個別施設計画策定	【中長期計画】 劣化予測、LCC 分析、優先度評価の各検討結果を用いて、50 年、100 年などの中長期的な費用を推計し、管理方針の遂行による効果や必要に応じて管理方針の見直しに役立てる。 【短期計画】 5 年や 10 年といった当面措置が必要な施設について計画を策定する。 一般的に中長期計画と比較して、措置方法や概算工事費の精度を高く推計し、予算要求や事業計画に役立てる。

(2) 劣化予測

劣化予測は、「4.4 点検・診断」にて示した各施設の点検結果から、「4.3 管理方針の設定」にて示した各施設の設定した管理水準に達するまでの期間やその過程を予測するものである。一般的に点検結果の健全性や計測値から、統計的または確率的な手法で、数年後の劣化進行状況を予測する。劣化予測手法については、「4.5.2 計画策定のための具体的な手法」にて詳述する。

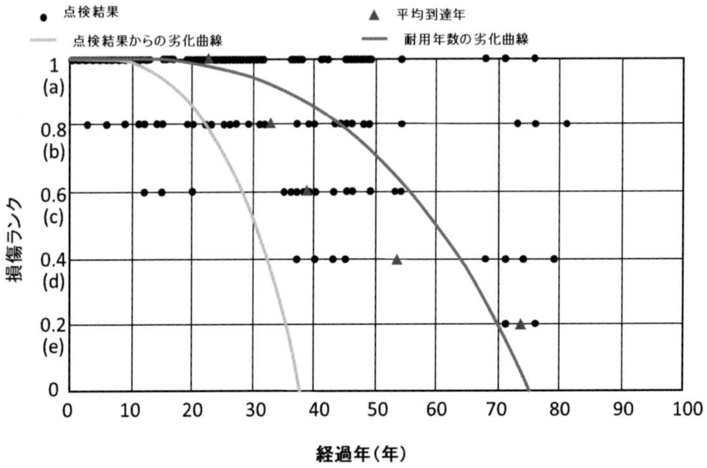

図 4.27　点検結果から導かれた鋼主桁の劣化曲線（例）

(3) ライフサイクルコスト分析

ライフサイクルコスト分析は、「4.3 管理方針の設定」に示した各施設の管理区分（管理シナリオ）ごとに対策工法を設定、中長期的に発生する費用を試算するものである。一般的に予防保全型や事後保全型、予防保全型と事後保全型を統合した管理区分型などごとに、損傷に対する一般的な修繕工法を設定し、修繕工法ごとの修繕単価や修繕数量を実績などから設定する。その後、計画期間までの経年的な費用を算出し、適切な管理区分を分析する。ライフサイクルコスト分析の手法については、「4.5.2 計画策定のための具体的な手法」にて詳述する。

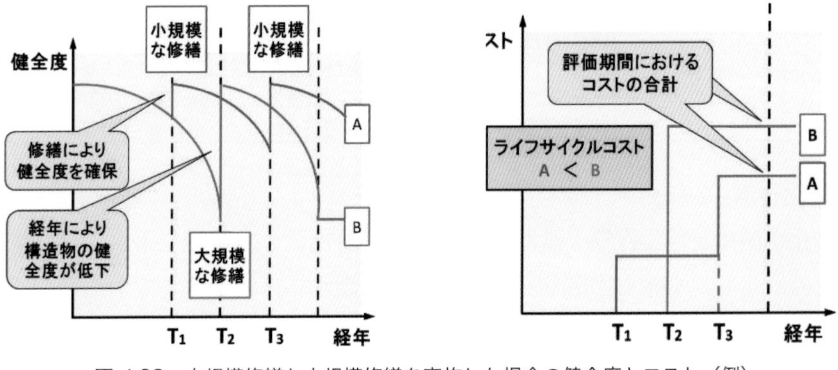

図 4.28　大規模修繕と小規模修繕を実施した場合の健全度とコスト（例）

(4) 優先度評価・個別施設計画策定

優先度評価・個別施設計画策定は、直近で修繕を実施する施設や箇所を決定するため、健全性のほか、社会的な影響や第三者への影響等に関する重要度を設定し優先順位を検討、短期(概ね5年～10年)計画として実行計画を策定する。優先度評価・個別施設計画策定の手法については、「4.5.2 計画策定のための具体的な手法」にて詳述する。

凡例：←→ 対策を実施すべき期間を示す

橋梁名	道路種別	路線名	橋長(m)	架設年度	供用年数	最新点検年度	H19	H20	H21	H22	H23	H24	H25	H26	H27	H28
○○橋	補※	○○○号	30	1995	12	H17		次回点検								
○○橋	主※	○○○号線	80	1998	9	H18				次回点検						
○○橋	―※	○○○号線	35	2003	4	H16					次回点検					
・・	〃	・・	・・	・・	・・	・・										
○○橋	補※	○○○号	100	1970	37	H16			←→ 床版上面増厚							
○○橋	〃	○○○号	50	1940	67	H18		次回点検	←→	架替え						
○○橋	〃	○○○号	18	1980	27	H10					次回点検	←→ 床版補強				
・・	〃	・・	・・	・・	・・	・・										
○○橋	主※	○○○線	42	1975	32	H18	←→	架替え								
○○橋	〃	○○○線	40	1975	32	H16		次回点検	←→	床版補						
○○橋	〃	○○○線	15	1980	27	H17			次回点検	←→	電気防					
○○橋	〃	○○○線	80	1960	47	H15								←→ 点	塗装塗	
○○橋	―※	○○○線	60	1945	62	H17		次回点検	←→	架替え						
○○橋	〃	○○○線	40	1980	27	H10		次回点検	←→ 炭素繊維接							
○○橋	〃	○○○線	80	1998	9	H16					←→ 点検	塗装塗				
・・	〃	・・	・・	・・	・・	・・										
今後の修繕・架替え事業費(億円)							●	●	●	●	●	●	●	●	●	●

※ 補:補助国道 主:主要地方道 ―:一般県道

図 4.29 短期計画(10か年計画)としての実行計画(例)

4.5.2 計画策定のための具体的な手法

ここでは、「4.5.1 計画策定の概要」にて示した劣化予測、ライフサイクルコスト分析、優先度評価・個別施設計画策定について詳述する。

(1) 劣化予測

劣化予測は、施設の健全度の推移を予測し、措置が必要な時期を設定することを目的に実施する。劣化予測の目的を大別すると、個別の対象物に対して将来の劣化を予測する場合と、対象物全体に対して将来の劣化を予測する場合に分けられ、目的に応じて適切な手法を選択することが望まれる。劣化予測手法は、モデルとその推定手法の観点から、以下のように分類できる。

【モデル】

確率的劣化予測モデル：将来の劣化過程の不確実性を許容する

確定的劣化予測モデル：将来の劣化過程の不確実性を許容しない

【モデルの推定手法】

統計的手法：実在のアセットの点検データから劣化過程を推定

力学的手法：力学理論や実験等から劣化過程を設定

なお、ここに記載する統計と確率の定義は以下のとおりである。

統計：実際に得られたデータに基づく現象の分析

確率：できごとが起こる割合を数字で示したもの

劣化予測を行う場合には、その目的に適合した手法を選定することが望まれる。目的ごとの望ましい手法については以下の表のようにとりまとめられる。なお、劣化予測手法やライフサイクルコスト分析の最新の研究事例は、水谷(2021) などを参照されたい。

表 4.12 劣化予測目的と望ましい手法の対応関係

目的	適用範囲・主眼	望ましい手法
個々の対象物の劣化予測	短期的視野における安全性の検証や事故防止が主眼	● 確定的モデル×力学的手法（対象物の劣化メカニズムが明瞭である場合） ● 確定的モデルあるいは確率的モデル×統計的手法（対象物の劣化メカニズムが不明瞭である場合）
対象物群の劣化予測	構造物群の中長期的な維持管理計画の策定などが主眼	● 確率的モデル×統計的手法

※この表は望ましい手法の一般的な傾向を表しているため、実際のアセットマネジメント実施時には、対象物の性質に応じた手法が適宜選択されることが望まれる。

個別施設計画は、対象物群に対して策定される中長期的な計画であるため、個別施設計画へ用いる手法は、「対象物群」に用いる手法が適している。代表的な劣化予測手法の概要を表 4.13 に示す。

表 4.13 代表的な劣化予測手法

劣化予測手法	回帰分析	マルコフモデル（遷移確率法）	理論式（土木学会）	寿命設定法
モデル	確定的モデル※	確率的モデル	確定的モデル	確定的モデル
推定手法	統計的手法	統計的手法	力学的手法	手法は問わない
望ましい目的	主に対象物群	主に対象物群	主に個々の対象物	主に個々の対象物
概要	点検データを経過年数ごとにプロットし、それを回帰することにより、劣化曲線を導出する手法	点検によりある時点の健全度が得られた場合の、次の時点の健全度の生起確率を定義し、将来の劣化過程を確率的に表現する手法	構造物の周辺環境を考慮し、劣化メカニズムを明示的に考慮した力学法則や実験結果により劣化過程をモデル化する手法	過去に行われた対象物の更新に関する調査結果に基づき、現存の対象物の寿命を設定する手法
長所	簡便な手法であり、データ数が極めて少ない場合にも、結果を導出できる場合が多い。	将来の劣化過程の不確実性を考慮できる。将来の状態を確率的に表現することも、期待劣化パスとして確定的に表現することもできる。	力学的劣化メカニズムを明示的に考慮できるため、劣化メカニズムが十分に知られており、環境条件データが漏れなく獲得されている場合には精度が高い。	過去の事例を参照するのみであるため簡便である。データ分析やその他の解析を必要としない。
課題	劣化過程の不確実性を考慮できない。劣化曲線の関数形を特定化する取組が必要。	アセットマネジメントの実務で活用するにあたり、確率統計に関する基礎的な知識が必要。	劣化メカニズムの解明が不十分である場合には適用が難しい。各アセット固有の環境条件データを整備するのに労力が必要。	アセットのライフサイクルにわたる劣化過程を表現できない。そのため、予防保全の妥当性の検証など、複数のシナリオ検討などには利用できない。
点検結果	必要	必要※※	必要性は低い	必要性は低い
供用年	必要	不要（観測されている場合には供用年の情報も利用できる）	必要	必要

※誤差項に確率分布を設定し、確率的モデルとすることもできる。

※※ 2 時点の点検結果が必要。1 時点のみの点検結果が獲得されている状況でも、供用年を健全度 1 のデータとして活用することもできる。

【参考：各劣化予測手法の概要】

表 4.13 に示す各劣化予測手法の概要を以下に示す。

1）回帰分析

回帰分析（最小二乗法）とは、誤差を伴う測定値の処理において、その誤差の二乗の和を最小にすることで最も確からしい関係式を求める方法である。

本手法は、点検結果から分析が可能なものの、一定量のデータ数を必要し、点検結果のない範囲（データがない範囲）の分析（予測）はできない。また一次関数（直線）、二次関数（曲線）、三次関数（三次曲線）等により分析が大きく差が出てしまうため、構造物の劣化進行を捉えた関数を用いることが必要となる。

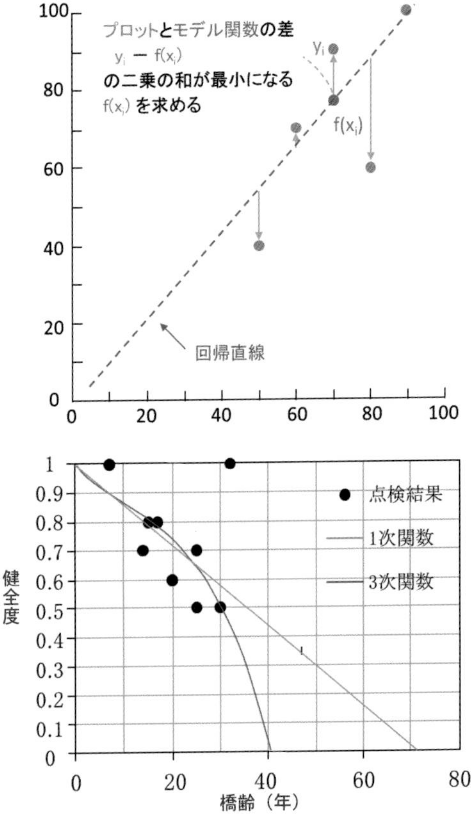

図 4.30　統計分析法（回帰分析）のイメージ

2) マルコフモデル

劣化を予測したい対象物（部材）の健全度を例えば5段階（最も良い状態を1、最も悪い状態を5）に分類し、点検の結果をもとに、それらの存在割合 $P_1,\cdots\cdots,P_5$ が利用可能であるとする。現時点で健全度が i の構造物（部材）が、現時点から一定期間が過ぎたとき（次の時点）に健全度 j に推移（遷移）する確率を π _(i,j) と表す。このとき、次の時点の各健全度の生起確率（存在割合）は、以下の式で表される：

$$P_j^f = \sum_{i=1}^{5} \pi_{i,j} P_i^p$$

上式の右肩添え字 f は一定期間経過後（次の時点）の存在割合、p は現在の存在割合をそれぞれ表す。π _(i,j) はマルコフ推移確率と呼ばれ、点検データを用いた統計的な推定、あるいは専門家の知見などにより求められる。マルコフモデルは、次の時点の健全度の存在割合が，現在の健全度の存在割合のみに依存する簡便なモデルである。不均一な点検間隔を持つデータからマルコフモデルを推定する手法として、津田等（2005）あるいは水谷（2018）が活用できる。これらの手法では、環境条件・構造条件などの影響も考慮できる。

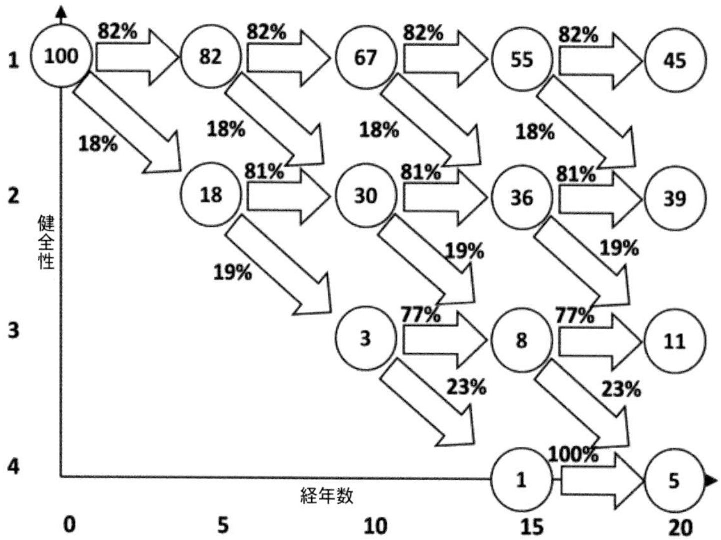

図 4.31　健全度存在割合の推移の概念

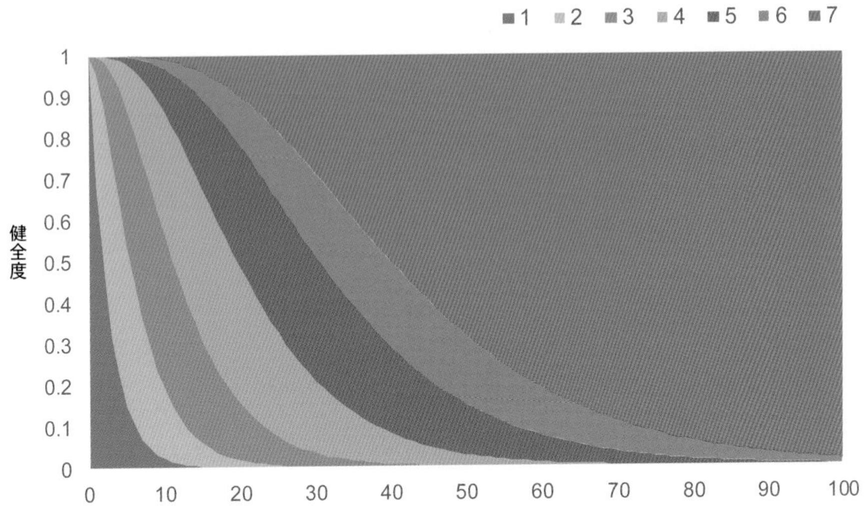

図 4.32　マルコフモデルの推定結果の例（健全度存在割合の推移）

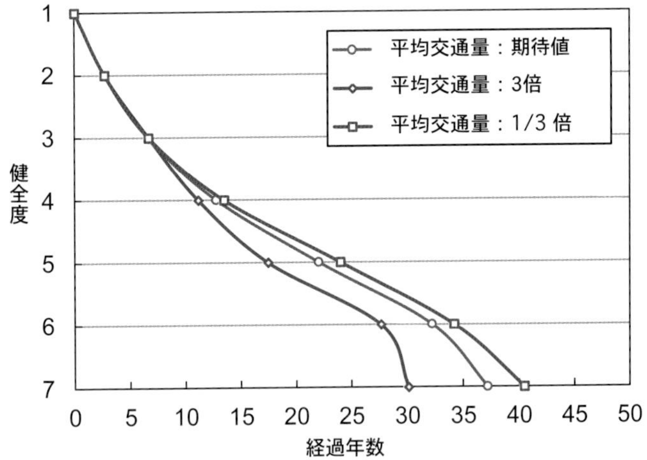

図 4.33　マルコフモデルの推定結果の例（確率モデルの期待値を用いた確定的な期待劣化パス）

マルコフモデルでは、経過年に対してマルコフ推移確率が一定であると仮定されている一方、構造物の経過年によって推移確率が異なることを仮定し、劣化過程を推定するワイブル劣化ハザードモデル（青木等（2005））がある。

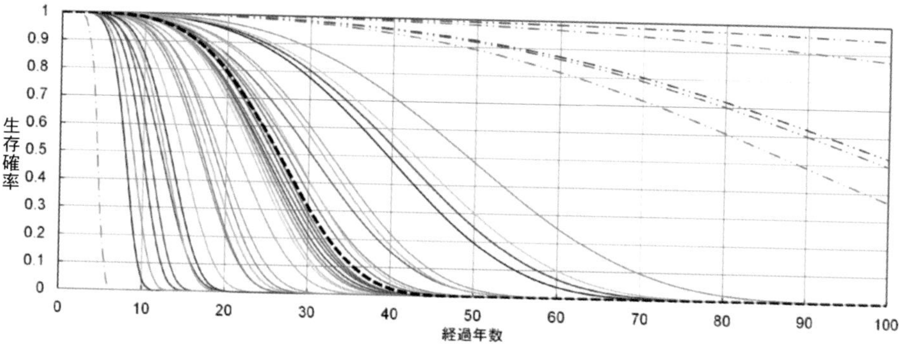

出典：「2 次元混合ワイブル劣化ハザードモデル」
（小林ら , 土木学会論文集 F4（建設マネジメント）,Vol.72,No.2,47-62,2016.

図 4.34　ワイブル劣化ハザードモデルの推定結果の例：個々のアセットの劣化過程の異質性を定量化

3）理論式（土木学会）

例えば、以下のような条件により実験を行い劣化予測する。

表 4.14　理論式作成のための実験条件例

複合サイクル試験のサイクル条件

サイクル	サイクル条件	試験方法・条件	参考文献番号
1	塩素噴霧 30℃ 0.5H → 湿潤 30℃湿度 95% 1.5H → 乾燥 50℃湿度 20% 2H → 乾燥 30℃湿度 20% 2H	5%塩水 JIS K5621 一般用錆止めペイント S6 サイクル	文献（8）-（14）
2	JIS K5600-7-9 塩素噴霧 30℃ 0.5H → 湿潤 30℃湿度 95% 1.5H → 熱風乾燥 50℃ 2H → 温風乾燥 30℃ 2H pH6.0～7.0 に準じた	JIS K5600-7-9 塗膜の機械的性質一塗膜の長期耐久性（サイクル腐食試験方法）のサイクル D に準じた	文献（15）
3	塩素噴霧 30℃ 0.5H → 湿潤 30℃湿度 95% 1.5H → 熱風乾燥 50℃ 2H → 温風乾燥 30℃ 2H	日本道路公団規格 JHS 403-1997	文献（16）
4	塩素噴霧 30℃ 0.5H → 湿潤 30℃湿度 95% 1.5H → 乾燥 50℃湿度 20% 2H → 乾燥 30℃湿度 20% 2H	酸性雨 pH3.5 JIS K5621 一般用さび止めペイント S6 サイクルを参考とした	文献（17）-（19）

出典：「鋼構造物の長寿命化技術」（平成 30 年 3 月 土木学会鋼構造委員会）

STEP3：評価指標の重みの設定（点数化）

回答に対する点数化の例は以下のとおりである。対で質問を繰り返し実施し、その結果によって、点数を設定し、集計していくことが可能である。

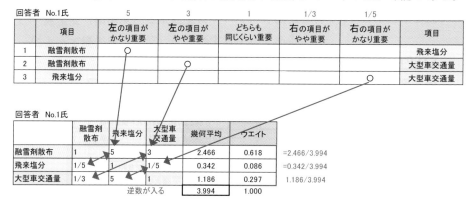

回答者 No.1氏

		5	3	1	1/3	1/5	
	項目	左の項目がかなり重要	左の項目がやや重要	どちらも同じくらい重要	右の項目がやや重要	右の項目がかなり重要	項目
1	融雪剤散布	○					飛来塩分
2	融雪剤散布		○				大型車交通量
3	飛来塩分					○	大型車交通量

回答者 No.1氏

	融雪剤散布	飛来塩分	大型車交通量	幾何平均	ウエイト	
融雪剤散布	1	5	3	2.466	0.618	=2.466/3.994
飛来塩分	1/5	1	1/5	0.342	0.086	=0.342/3.994
大型車交通量	1/3	5	1	1.186	0.297	1.186/3.994
		逆数が入る		3.994	1.000	

2）マトリックス手法（軸評価）

縦軸と横軸にそれぞれ評価指標を割り当て、マトリックス内のグループに応じた評価区分を適用する手法である。例えば、健全度（損傷度）を縦軸、重要度を横軸にとったマトリックスで、グループごとの優先度（順位）を評価する。

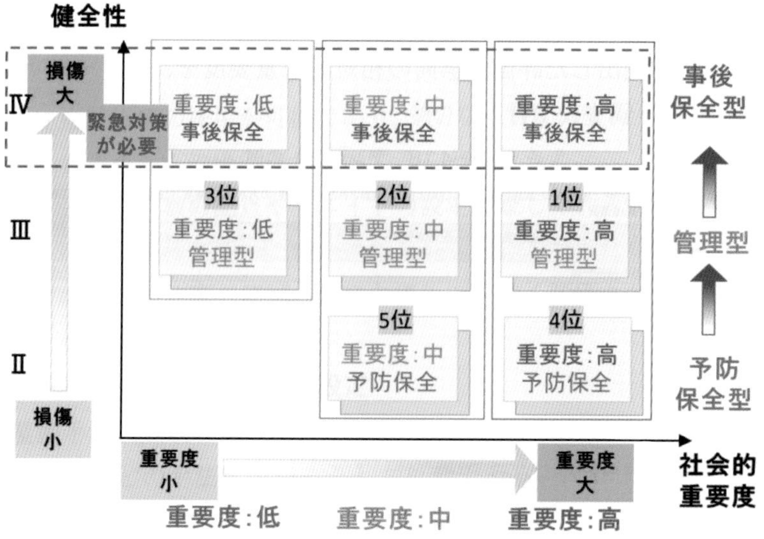

図 4.38　マトリックス手法のイメージ

長　所：優先度を決定する過程が分かりやすいため説明性が高い。

短　所：１つのマトリックスに対して、採用できる評価指標は２つとなるため、評価指標が複数ある場合は、複数のマトリックスにて段階的に評価を実施することやグループ内での優先順位付けの指標や工夫が必要となる。

マトリックス手法は、リスク評価に用いることも可能である。前述した定量的手法と組み合わせて、健全度やリスク評価結果、利用者のニーズ、現在の老朽化度（残存耐用年数／耐用年数）などから優先度を点数化し、順位を決めていくことも可能である。

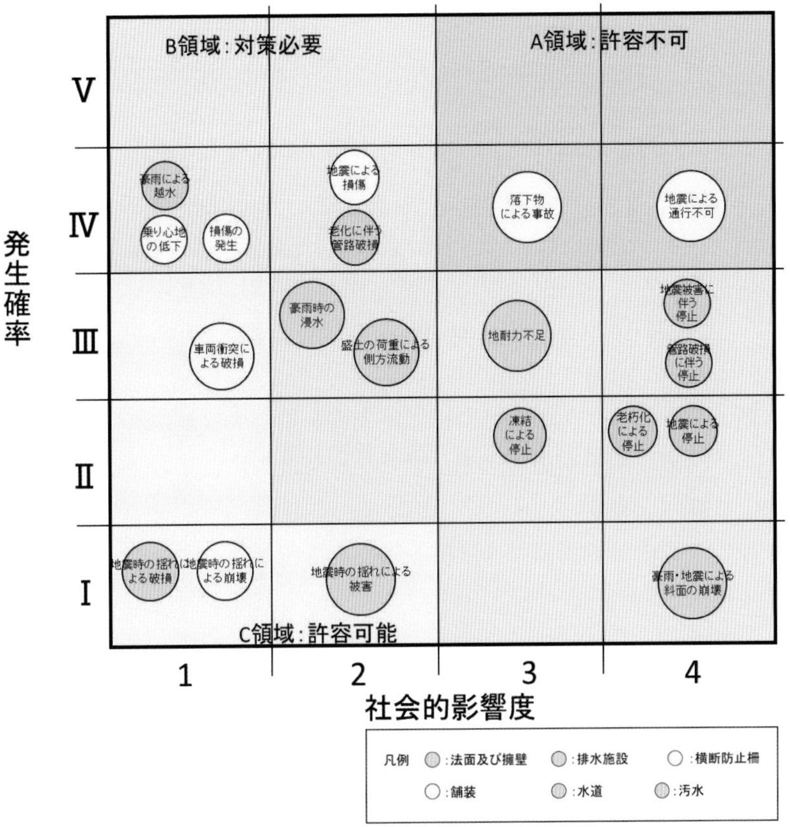

図 4.39　異なる事象をマトリックス手法で統一的に評価するイメージ

また、マトリックス手法を用いることで、複数の施設を同じフィールドにて、評価することが可能であるため、インフラ施設群全体での優先順位付けなどにも活用できる。

3) 定性的手法（評価指標優先度付加型）

評価指標自体に、優先度を設定し、優先度の高い指標から順番に評価を行う手法である。

例えば、第1指標として健全度（損傷度）、第2指標として氾濫規模、第3指標として、土地利用の状況などにてフロー化し優先度（順位）を評価する。

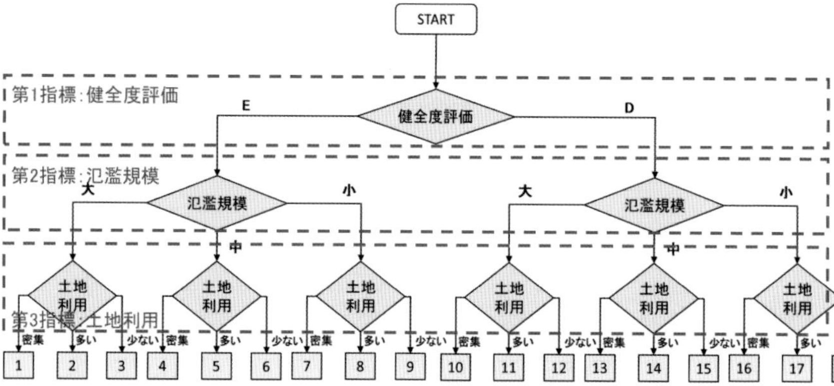

図 4.40　評価指標自身に優先度を付加した評価イメージ

長　所：マトリックス手法と同様に優先度を決定する過程が分かりやすいため説明性が高い。またマトリックス手法よりも評価手法を複数採用しやすい。

短　所：上位の評価指標でほぼ優先順位が決定されやすい。

(4) 個別施設計画策定

個別施設計画の策定は、1）～3）のような優先度の設定結果に基づき、短期（概ね5年～10年）計画として実行計画を策定する。その際、各年次で必要な予算をあらかじめ設定するとともに、各年次の費用が平準化されるように調整することが重要である。

表 4.19　年次計画の策定案

(万円)	1 年目	2 年目	3 年目	4 年目	5 年目	6 年目	7 年目	8 年目	9 年目	10 年目
A 橋	設計	工事								
	500	1500								
B 橋		設計	工事							
		500	2000							
C 橋		設計	工事	工事						
		800	1000	2500						
D 橋					設計	工事				
					1000	3000				
E 橋							設計	工事	工事	
							1000	2500	1000	
F 橋									設計	工事
									1000	3000

4.6 個別施設計画の統合（全体施設計画）

4.6.1 全体施設計画の概要

全体施設計画は、道路管理者が管理する道路施設全体の維持管理に対する基本的な考え方を示すものであり、同時に将来的に目指す望ましい管理方法に対して、現状の課題を踏まえ、中長期を視野に入れて行う維持管理の内容、予算、手順など統合マネジメントの手法を示すものである。

一方で個別施設計画は、全体施設計画を踏まえかつ各道路施設固有の特性を勘案し、個別の施設に対して具体的に実施する業務及び検討の内容・手順、判断方法など維持管理手法を示すとともに、毎年度実施する事業計画の策定手順を示すものである。

全体施設計画における統合マネジメントは、個々の施設の計画を踏まえ、中長期を見据えた「管理戦略」の検討と、短期事業計画における「予算平準化」を判断する場面で行う。

ここでいう「管理戦略」とは、現状の道路施設状態を踏まえた中長期管理計画と将来的な予算見通しから時間概念を持った取組優先性の考え方を示すものであり、管理戦略に基づく維持管理計画を実行していくことで本来目指すべき管理の実現を図る。

また「予算平準化」とは、個別施設の最適な計画が必ずしも全体最適とはならないことから、維持管理計画に対して、工事コスト縮減や予算集中の回避など、全体的・中長期的な予算の最適化を図るものである。

全体施設計画とは、全体の達成状況を見つつ、それぞれの施設の達成状況をどのレベルまで引き上げるかなどの方針を立て、重点的に対応するべき施設や地域の設定や、予算の集中回避など、全体的・中長期的な予算の最適化を図ることを目的とするものであり、おおむね５年に１回程度で実施する。

図 4.41 に全体施設計画の策定の流れを示す。中長期を見据えた「管理戦略」に基づき、個別施設計画において必要費用を算出し、道路施設全体としてのトータル費用を算出する。

予算制約額に対して超過することが想定されるため、当面事業を実施すべき期間（短期）において施設横断の優先順位付け・トータル費用の「平準化」を試み、全ての道路施設を横断的に監視しながら対象事業を選択していく。

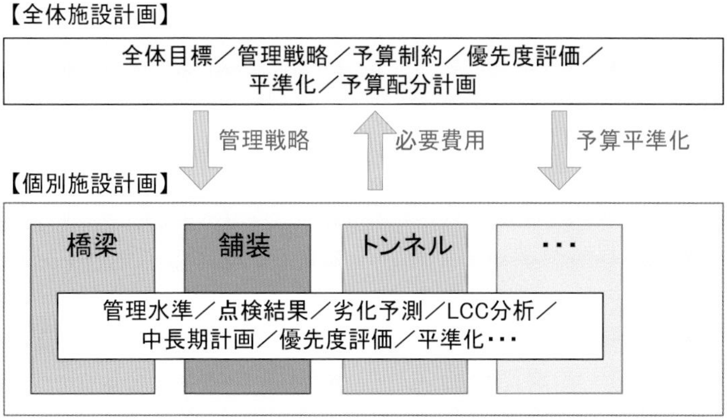

図 4.41 全体施設計画と個別施設計画の関係

4.6.2 全体施設計画策定時の留意点

全体施設計画では、全ての道路施設を横断的に比較・評価しながら対象事業の優先順位付けを行う。具体的には、全体の事業の達成状況を見つつ、毎年の予算制約額を踏まえ、それぞれの施設の達成状況をどのレベルまで引き上げるか等の方針を立て、重点的に対応すべき施設や地域の設定、予算の集中回避など、全体的・中長期的な予算の最適化を図る。

従来どおりの事後保全型の維持管理を継続した場合、施設の損傷を確認してからの補修となり、補修や更新時期が遅れ、結果的に大規模な補修・更新費用が発生する可能性がある。施設の高齢化が進んでいる現状では、将来的に現状予算規模を大きく上回るとともに、損傷に伴う事故の危険性も高まる。

一方、定期的な点検により損傷を早期に発見し予防保全型の維持管理に移行した場合、損傷に伴うリスクは低下するが、新たに点検費用が発生する。また、施設ごとに設定する管理水準によっては、補修・更新費用が従前より必要となることも考えられる。よって、施設特性に応じた管理方針の峻別による効率的な維持管理に取り組み、道路サービスを継続的に提供しつつ、できるだけ費用を抑えることで計画の実効性を高めていくことが必要となる。

しかしながら、仮に、個別施設計画において各種類の施設に対して適した保全方法（予防保全型か事後保全型か）が選択されていたとしても、それが実行可能であるとは限らない。予算や人員等の様々な制約に起因して、個別施設計画で指定されている保全が全ての種類の施設で実行できない場合、どの施設に対して優先的に保全を行うかの選択を誤ると、本来達成可能であるはずのコストやリスクの最小化が達成できない可能性がある。

そのため、実効性のある計画とするには施設の現状と予算を踏まえ、計画的かつ現実的な対応を図る必要がある。よって、今後の道路施設の維持管理に対して、何をどのように管理していくかという「管理戦略」を定め、優先的に予算を充当する基本的な考え方を設定することが重要となる。また、維持管理のやり方に対しても更なる効率化・高度化を図るべく段階的な見直しが必要である。

全体施設計画策定時の留意点の一つとして全体予算の平準化がある。個別施設計画では、事後保全型の維持管理から予防保全型の維持管理への転換を図り、施設の延命化によりライフサイクルコストの最小化を期待することが基本となる。しかし、予防保全型の維持管理では、損傷が軽微な段階から補修等を実施するため、事業の初期段階から多くの予算が必要となる傾向がある。各個別施設計画における計画初期予算の超過はわずかだとしても、各個別施設計画を単純に統合すると、全体施設計画では計画初期予算が大幅に超過することになる。道路管理者が確保できる全体予算には制限があるため、予算を平準化するためには、施設間の施設計画の優先順位付けが必要となるが、各施設における損傷状況や施設の社会的重要度、事故発生の可能性やリスクはそれぞれ異なるため、各施設に共通指標を設定した上で優先順位付けを行う必要がある。

また、予算を平準化（事業を先送り）した際は、予防保全型の維持管理を計画した施設であっても、事後保全型の維持管理に転換せざるを得ない場合があり、予防保全対象の絞り込みを行う必要があることに留意しなければならない。なお、全体施設計画の策定にあたっては、計画策定にあたっての意思決定基準を明確にしておくことが、運用にあたって生じる事象へのアカウンタビリティ（説明責任）を果たす上でも、不具合などに伴う全体施設計画の変更にあたっての根拠等になることに留意する必要がある。

いずれの場合も、計画策定後、計画の進行状況やその後のアセットの劣化状況などを踏まえ、事業費の見直し、更新を適宜実施することが重要である。

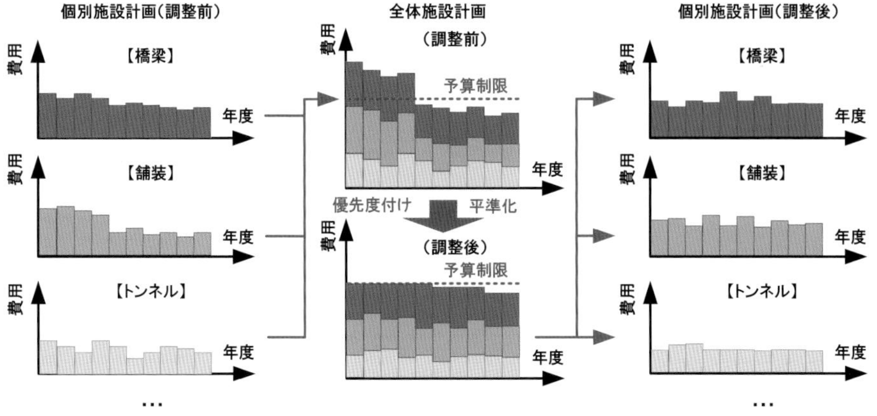

図 4.42 全体施設計画における修繕・更新費用の平準化のイメージ

4.6.3 優先度評価に基づく予算平準化の事例紹介

各道路施設の修繕・更新の優先度を横並びで評価するための評価軸として、①施設の健全性を区分する指標、②施設の管理水準（定性的評価）、③施設の社会的影響度（定性的評価、定量的評価）、④不具合発生リスク（修繕・更新を実施しなかった場合に不具合が発生する確率）などが考えられる。

表 4.20　修繕・更新の優先度を横並びで評価するための評価軸例

評価指標例	説明	指標例
①施設の健全性	個々の道路施設の状態を施設横断の共通指標（定性的、定量的）により評価。施設群の健全性として共通指標の代表値（平均値、最悪値）を用いて評価する場合もある。	・定性的な指標の例 健全性：I, II, III, IV ・定量的な指標の例 総合評価指標：0 ～ 100 点
②施設の管理水準	個別施設計画において設定している管理水準（管理方針）を、各施設共通の管理水準（管理方針）として定義しておく。	・管理水準の例 管理水準A・高、B・中、C・低
③社会的影響度（ﾈｯﾄﾜｰｸの機能性）	個々の道路施設が道路ネットワーク機能に与える影響等を社会的影響度として定性的または定量的に評価	・定性的な指標の例 影響度：A・大、B・中、C・小 ・定量的な指標の例 ポイント積上げ：0 ～ 10 点
④不具合発生リスク	修繕・更新を実施しなかった場合に不具合（通行止め、事故等）が発生する確率を指標化（定性的、定量的）して評価	・定性的な指標の例 影響度：A・大、B・中、C・小 ・定量的な指標の例 発生確率：0 ～ 100%

また、修繕·更新の優先度を横並びで評価するための評価単位としては、a. 各施設単位で個別に評価する方法、b. 道路ネットワーク確保の観点から路線単位で評価する方法等がある。

以下に表 4.20 の評価軸①、②、③、④を組み合わせた施設横断的な優先度評価例を紹介する。

表 4.21　施設横断の優先度評価例（1/2）

<table>
<tr><th>評価手法
（評価単位）</th><th>説明・特徴</th><th>適用例</th></tr>
<tr><td>「①施設の健全性」と「②施設の管理水準」で評価
（各施設単位）</td><td>各施設共通の指標である「施設の健全性」と「施設の管理水準」に着目した修繕・更新の優先度を設定し、ルールに基づき施設横断の優先順位付け、予算の平準化を行う。
【トンネル】
【舗装】
【橋梁】
<table>
<tr><th colspan="2" rowspan="2">施設の
健全性
（共通指標）</th><th colspan="3">施設の管理水準（共通指標）</th></tr>
<tr><th>管理水準
A（高）</th><th>管理水準
B（中）</th><th>管理水準
C（低）</th></tr>
<tr><td>損傷
大</td><td>健全性Ⅳ</td><td>優先度1</td><td>優先度2</td><td>優先度3</td></tr>
<tr><td>↑</td><td>健全性Ⅲ</td><td>優先度4</td><td>優先度4</td><td>優先度5</td></tr>
<tr><td></td><td>健全性Ⅱ</td><td>優先度6</td><td>優先度7</td><td>優先度7</td></tr>
<tr><td>健全</td><td>健全性Ⅰ</td><td>対策不要</td><td>対策不要</td><td>対策不要</td></tr>
</table></td><td>事例①：神奈川県</td></tr>
<tr><td>「①施設の健全性」と「③社会的影響度」で評価
（各施設単位）</td><td>各施設共通の指標である「施設の健全性」と「社会的影響度」に着目した修繕・更新の優先度を設定し、ルールに基づき施設横断の優先順位付け、予算の平準化を行う。
【トンネル】
【舗装】
【橋梁】
<table>
<tr><th colspan="2" rowspan="2">施設の
健全性
（共通指標）</th><th colspan="3">社会的影響度（共通指標）</th></tr>
<tr><th>影響度
大</th><th>影響度
中</th><th>影響度
小</th></tr>
<tr><td>損傷
大</td><td>健全性Ⅳ</td><td>最重要</td><td>最重要</td><td>重要</td></tr>
<tr><td>↑</td><td>健全性Ⅲ</td><td>重要</td><td>重要</td><td>標準</td></tr>
<tr><td></td><td>健全性Ⅱ</td><td>標準</td><td>標準</td><td>標準</td></tr>
<tr><td>健全</td><td>健全性Ⅰ</td><td>対策不要</td><td>対策不要</td><td>対策不要</td></tr>
</table></td><td></td></tr>
</table>

表 4.22　施設横断の優先度評価例（2/2）

<table>
<tr><th>評価手法
（評価単位）</th><th>説明・特徴</th><th>適用例</th></tr>
<tr><td>「③社会的影響度」と「④不具合発生リスク」で評価
（各施設単位）</td><td>各施設共通の指標である「社会的影響度」と「不具合発生リスク」に着目した修繕・更新の優先度を設定し、ルールに基づき施設横断の優先順位付け、予算の平準化を行う。
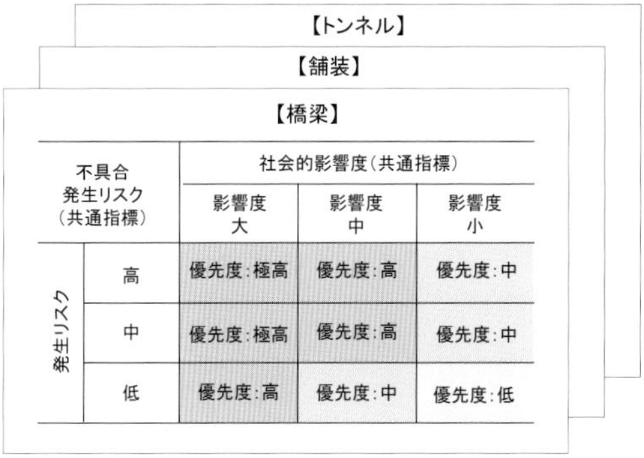
</td><td>事例②：任意自治体</td></tr>
<tr><td>「①施設の健全性」と「③社会的影響度（ネットワークの機能性）」で評価
（路線単位）</td><td>路線（区間）単位で「施設群の平均健全性」と「社会的影響度（ネットワークの機能性）」に着目した修繕・更新の優先度を定量的に評価し、ルールに基づき路線（区間）毎に優先順位付け、予算の平準化を行う。
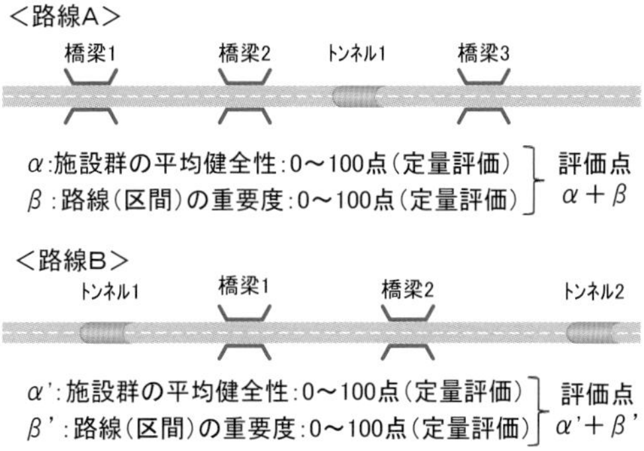
</td><td>事例③：近畿地方整備局</td></tr>
</table>

【事例①：神奈川県】共通の管理区分・水準に基づく全体施設計画策定

1）対象施設

橋りょう、トンネル・洞門、横断歩道橋、門型標識・門型道路情報提供装置

2）管理区分・管理水準

・道路施設の保全の考え方を、表 4.23 のような管理区分に分類

・道路利用者の安全・安心を確保する観点から、保全の考え方は「予防保全的管理」を原則とした上で、施設特性や地域特性に応じて管理区分１～３のいずれかに分類

・管理区分の分類は、道路施設の機能の持続、安全性の確保、中長期的な維持管理･更新に係るトータルコストの縮減、予算の平準化などの観点から、適切な区分を選定

表 4.23　道路施設の管理区分と保全の考え方

管理の考え方	管理区分	維持管理・更新の主な考え方		管理水準※
予防保全的管理	１：予防保全型	予防保全 状態監視保全	定期的に点検・診断を行い、機能に支障が生じる前に保全する。	健全性の区分がⅡ以下となった段階で、修繕・更新などの措置を行い、健全な状態（健全性の区分Ⅰ）を保つ。
	２：早期措置型	予防保全 状態監視保全	定期的に点検・診断を行い、機能に支障が生じる可能性がある段階で保全する。	健全性の区分がⅢ以下となった段階で、修繕・更新などの措置を行い、機能に支障のない状態（健全性の区分Ⅰ～Ⅱ）を保つ。
	３：時間計画型	予防保全 時間計画保全	機能に支障が生じる前に保全が可能となるよう、予め定めた時間計画に基づき保全する。	予め定めた耐用年数に基づき、施設の機能に支障が生じる前に修繕・更新などの措置を行う。
事後保全的管理	４：事後保全型	事後保全	機能に支障が生じているのを発見した段階で必要な措置を講ずる。	健全性の区分がⅣとなった段階で、大規模修繕や更新などの措置を行う。

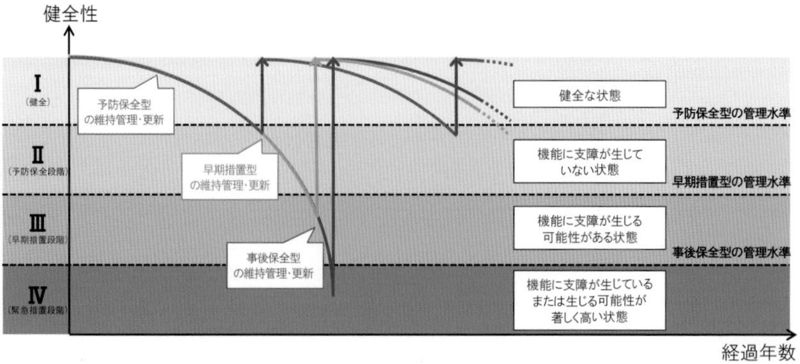

出典：「神奈川県　道路施設長寿命化計画」（令和４年３月　神奈川県県土整備局道路部道路管理課）

図 4.43 管理の考え方と管理区分・管理水準

【事例②】「不具合発生リスク」と「社会的影響度」に着目した修繕・更新の優先度評価

1）想定するリスク

①機能不全に陥る突発性

・点検等により劣化や損傷等の前兆把握が困難

②安全性（機能不全となった場合の被害の非回避性）

・機能不全となった場合、施設を使用停止することで被害拡大を回避できるか

③利便性、産業・経済活動への影響

・機能不全となった場合の市民生活の利便性や産業・経済活動に与える影響度

2）リスクマトリックスによる優先度設定

想定したリスクに着目した評価方法として、縦軸の①「発生確率」、横軸の②「社会的影響度」による2軸で評価し、リスクの高い施設ほど優先度を設ける。

[縦軸] ①発生確率

施設の構造・材質の違いにより、突発的に機能不全に陥る危険性を3段階で評価

【高】ある時点で突発的に機能不全になる危険性が他施設よりも高い（機械電気施設等）

【中】施設全体として急激な機能低下に至る危険性が機械電気施設よりも低い（鋼構造、鉄筋コンクリート構造の施設等）

【低】劣化や損傷等の前兆把握が比較的容易（土構造、アスファルト等）

[横軸] ②社会的影響度

施設の機能低下や機能不全による、市民生活の安全性に与える影響や、利便性、産業・経済活動への影響の大きさの2つの機能的な視点から評価する。

各対象施設の「安全性」と「経済活動への影響」を点数化し、合計点を3段階で評価

【高】20 点を超える【中】10 点を超え 20 点以下【低】10 点以下

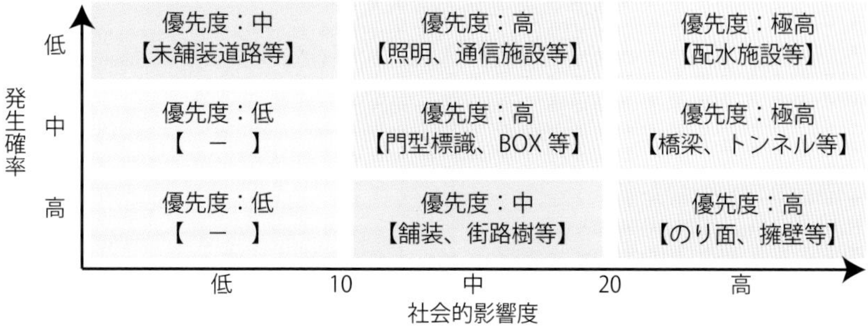

図 4.44　リスクマトリックスによる優先度設定イメージ

【事例③：近畿地方整備局】「構造物群の健全性」と「ネットワークの機能性」で評価

・路線（区間：主要交差点間）の構造物群（橋梁、トンネル、のり面）の健全性（0 ～ 100）と、ネットワークの機能性を数値換算（0 ～ 100）し、重み付け平均により合算することで路線（区間）ごとの予防保全対策の優先度を総合評価値（0 ～ 100）として算出

図 4.45　「構造物群の健全性」と「ネットワークの機能性」に着目した優先順付けイメージ

【事例④：最新の研究事例】年次費用平準化を考慮した社会基盤施設群の最適補修施策

（福山峻一，水谷大二郎，中里悠人：年次費用平準化を考慮した社会基盤施設群の最適補修施策，第5回 JAAM 研究・実践発表会，オンライン開催，2021.11）

・従来、ライフサイクルコスト最小化のために用いられてきたマルコフ決定過程を、年次費用平準化も考慮できるように拡張

・以下のスライドのように、「年次補修費用とその分散の重み付き和」の計画期間にわたる総費用の割引現在価値を最小化する枠組みを提案

・マルコフモデルを用いて劣化過程の不確実性を考慮

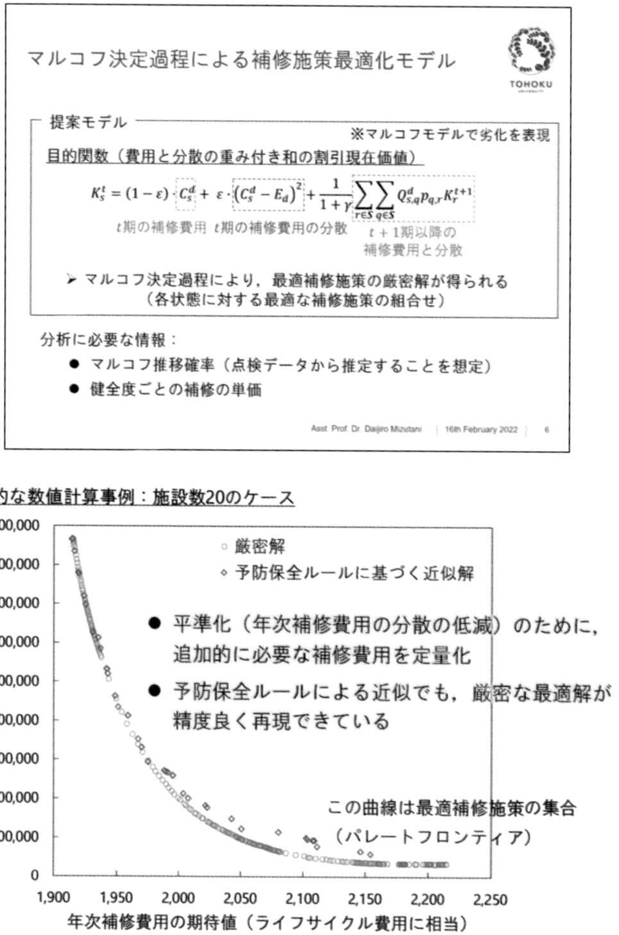

図 4.46　提案手法の概要とそれによる分析結果のイメージ

年次補修費用とその分散のトレードオフ関係が定量化されており、管理者は、年次補修費用とその分散の双方を考慮して最適な補修施策を選択できる。

4.7 組織・リーダーシップ

4.7.1 ステークホルダーのニーズ及び期待の理解

国や県、市町村が管理する道路施設の維持管理において、道路の維持管理部門管理者と道路利用者、建設業者等のステークホルダーとの関連・期待、管理者の役割を整理する必要がある。

図 4.47 及び表 4.24 は標準的なステークホルダー（利害関係者）とその要求と期待を示すものであり、これらを参考にしつつ、各管理者の実態に即した設定をする必要がある。

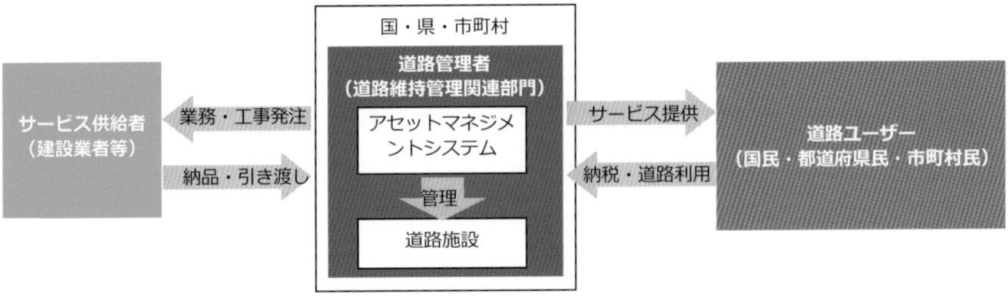

図 4.47　道路施設に関するステークホルダー

表 4.24　ステークホルダーとそのニーズ・期待の例

ステークホルダー		ニーズと期待
施設利用者		・安全で快適な施設の提供 ・適正な方法による運営 ・計画の確実な達成
供給者（請負業者）		・委託・工事内容に対する満足な成果 ・適切な契約条件と確実な履行
組織内	管理職	・適正な業務管理による安全で快適な行政サービスの提供
	担当職員	・業務実施環境の向上 ・期待する業務の達成
関係当局等	所管官庁	・法令、条例、規制に基づいた行動

4.7.2 内部資源の有効活用

道路施設のアセットマネジメントを継続的に実施していく上での内部資源の有効活用について、一般的に必要な取組について記載する。

(1) 組織連携

1) 他部門との役割分担の明確化

道路維持管理関連部門と新規整備関連部門等の他部門と調整のうえ、役割分担を予め明確にする必要がある。

また各部門の役割や対応窓口等を道路利用者に対してホームページ等で広報し、サービスの向上につなげることが望まれる。

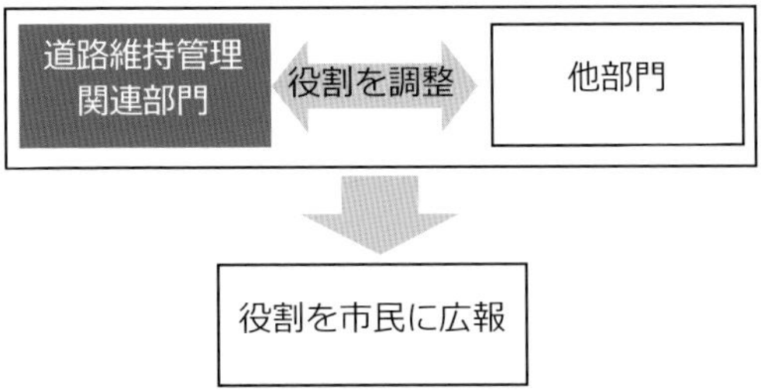

図 4.48　他部門との役割分担の調整

2) 財政部門との意思統一

道路維持管理部門等の事業部門は、予算配分を行う財政部門に事業の必要性を説明する。

また、財政部門は道路維持管理部門を含む事業部門に対して各事業の予算配分の理由や優先的に実施する理由等を説明する。その際には各事業に対応した補助金制度の活用や補助要件についても部門間で共有する必要がある。

また予算配分結果やその各事業内容を市民に広報することで説明責任を果たす必要がある。

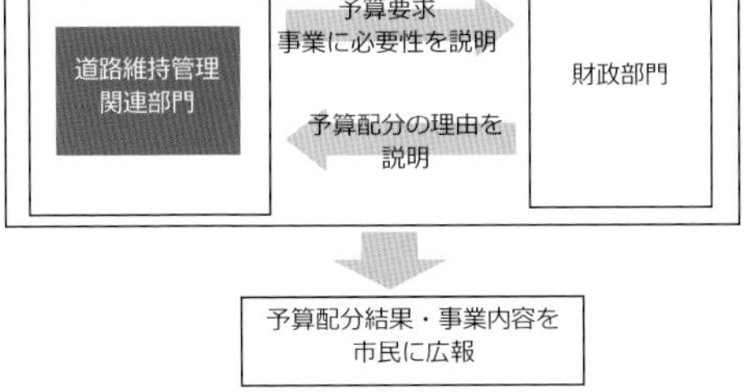

図 4.49　予算課と事業課の意思統一

3）新規整備部門との連携強化

新規整備段階においてミニマムメンテナンスに配慮した道路施設を計画、建設することで、ライフサイクルコストの低減を図ることが求められる。

また現地調査や仮設足場の設置など、新規整備と維持管理で重複する項目を一本化または兼用することで効率化を図ることも考えられる。

このため、新規整備部門との連携を強化し、維持管理部門の意見を共有する機会を設けることが望まれる。

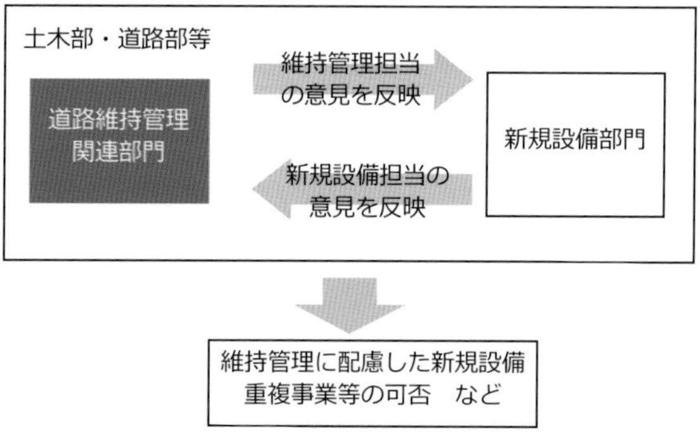

図 4.50　新規整備と維持管理の連携強化

⑵ 人員育成・技術伝承

1）維持管理の技術力の向上

道路施設には様々なものがあり、例えば橋梁、トンネル、舗装等でそれぞれ求められる技術が異なるため、各道路施設の専門家を育成して、効果的かつ効率的な維持管理の実施が求められる。このため、熟練職員から若手職員への技術の伝承や、外部講習会への参加、日常の業務を通じて知り得た知見を通じて、専門家を育成することが求められる。

また、図 4.2 に示したような道路施設のアセットマネジメントに係る実務（管理目標・方針の設定やパフォーマンス評価・改善他）に関する能力を向上させることで、予算制約下においても、効率的かつ効果的な維持管理を実行する組織とすることが可能となる。

なお、維持管理等に関する業務は建設業者等のサービス提供者と協働で実施される場合が多い。このため、道路管理者はサービス提供者の力量基準を明確にし、サービス提供者が業務に必要となる力量を備えていることを確認し、業務実施内容をモニタリングすること等により、業務遂行上のリスクを回避することが重要であると認識する必要がある。

表 4.25　維持管理の技術力向上の取組例

種 別	概 要
評価制度	・表彰制度（知事表彰、部門表彰、課内表彰） ・評価制度（昇格、報酬）
意識向上・技術向上	・資格取得、CPDの付与 ・講習会・研修会、ワーキング（総合技術、専門技術）
外部との発信	・論文発表、研究発表 ・表彰等の結果を県庁内のイントラネットや県ホームページ上で紹介 ・道路利用者とのコミュニケーション
自己実現	・異動・勤務内容（希望部署への配属など） ・大学院、海外留学制 ・研究チームの募集 ・意見交換の実施

2) 若手職員の計画的育成

維持管理の時代を担っていく人材を計画的に育成していくことが求められている。個別施設計画や全体施設計画、その他の計画が満足に実行されるためには、各職員や組織の力量を十分な水準に保つ必要がある。そのため、各種計画の実行に十分な力量を将来にわたり確保するための計画的な育成が重要となる。例えば、若手職員が計画的に道路維持管理部門を経験することによって、次世代の道路維持管理を担う職員の育成を図ることが考えられる。

4.7.3 外部情報・活力の取り込み

(1) 道路利用者等

1) 道路利用者への積極的な情報発信・共有

道路の維持管理に係る取組を日ごろからホームページ等で情報発信し事業に対する説明責任を果たすとともに、道路利用者への協力を得るための情報共有を図る。

2) 道路利用者のニーズの把握と反映

道路利用者から寄せられる通報や要望は、道路利用者のニーズの把握や管理方針・目標の設定に貴重な情報であることから、あらかじめ定められた方法にて情報を蓄積し、今後の維持管理の内容や事後評価に活用していく。

また道路利用者からの要望に対し、対策を実施するかどうかの判断を管理水準に照らしてて評価するとともに、その評価結果を道路利用者と共有し、理解を求めていくことが重要である。

3)道路利用者等との協働の推進

道路利用者との協働の手法（可能性）を検討していく。

表 4.26　道路利用者との協働の例

項目	協働・連携内容	効果	パートナー	備考
管理方針	道路利用者のニーズ把握	道路利用者のニーズに応じた道路管理	道路利用者 地域住民 NPO	アンケート等で把握
日常維持	清掃	コスト縮減 施設劣化の抑制	地域住民 NPO	
	通報・モニター	損傷の早期発見、素早い対応（リスク低減）	道路利用者 地域住民 NPO	
成果	満足度評価	ニーズ把握、満足度向上	道路利用者 地域住民	

(2) 民間企業

1) 発注方式の見直しに向けた検討

道路の維持管理の継続性に配慮し、維持管理費用の低減、職員の事務的な負担の軽減、民間事業者の創意工夫やノウハウの活用等を目的として、包括的民間委託等の官民連携となった維持管理の取組の導入が考えられる。

2) 新たな歳入確保の検討

維持管理予算の補充として、道路施設のネーミングライツや広告の設置等の自主財源の確保が考えられる。

(3) 大学・研究機関

道路施設の維持管理において、高度な技術が求められる場合には大学や研究機関等との協働が考えられる。例えば橋梁のような複雑な劣化機構の構造に対して、協働で健全度判定会議（対策の必要性や対策の方法の判定の助言）を実施している事例がみられる。

4.7.4 参考事例

【事例：福岡市】アセットマネジメントの推進体制

アセットマネジメントを効率的・機能的に執行し、実効性のあるものとするため、福岡市では右記の体制（図 4.51 参照）で取り組んでいる。

1) アセットマネジメント推進体制

財政局アセットマネジメント推進部が全庁的にアセットマネジメントを推進する部門として、以下の業務を担っている。

【全庁的な総合調整】

財政部門や実施部門と協議･連携しながら、各局個別施設計画策定の支援･指導、施設投資額の把握・調整や投資額の平準化を行うなど、全庁的な総合調整を行う。

【一般建築物の統括】

各局にわたる一般建築物のアセットマネジメントを積極的にサポートし円滑な推進を図るため、保全情報システムの運用・管理、一般建築物個別施設計画策定指針の運用、市有建築物等の整備等に係る技術的支援・工事等の実施など、建築物のアセットマネジメント業務を統括する。

2) アセットマネジメント実施体制

アセットマネジメントの具体的な実施を図る部門として、以下の区分によりその推進を図っていく。

A. 一般建築物所管局

所管施設におけるアセットマネジメントを実施する体制を各局内に設けて、一般建築物個別施設計画策定指針を踏まえた個別施設計画を策定し、実施していく。

B. 各専門施設所管局

各施設の特性や推進の進捗状況に合わせた推進体制を各局内に設けて個別施設計画を策定し、実施していく。

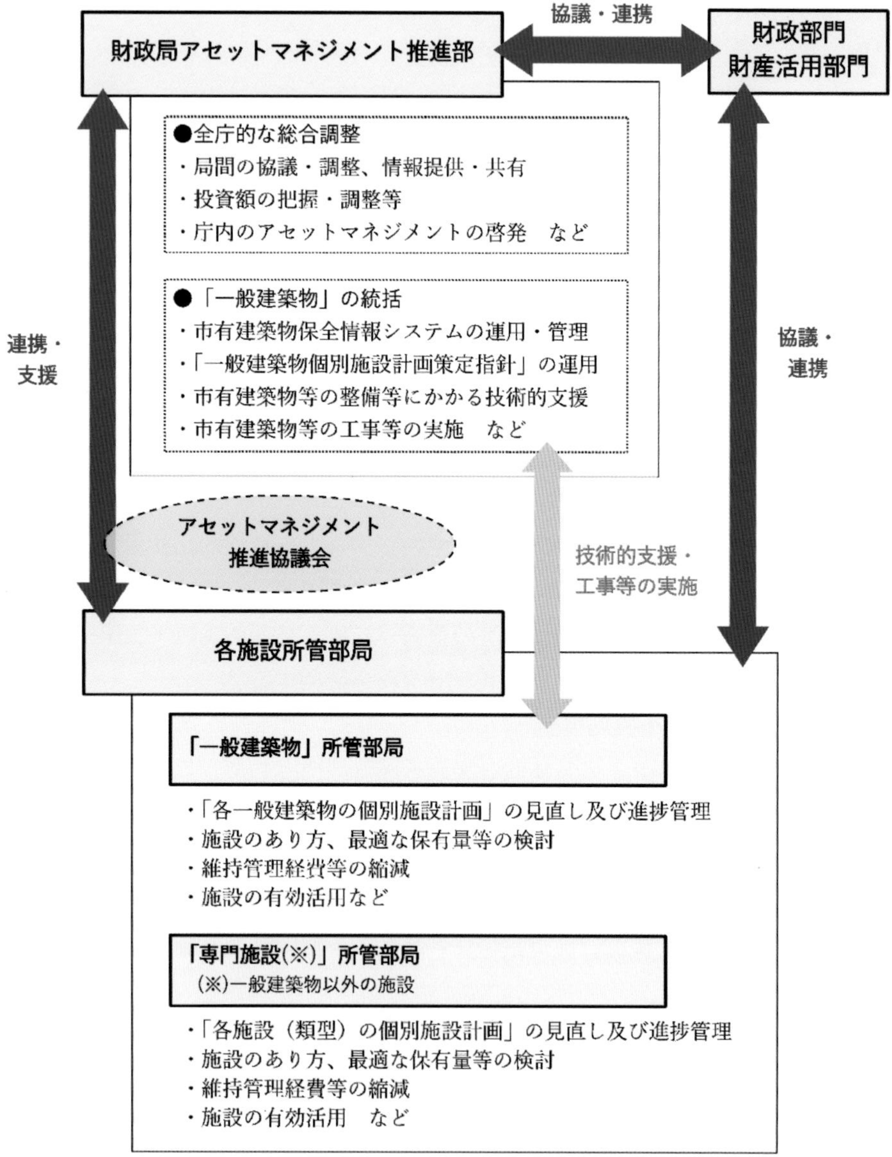
財政局アセットマネジメント推進部
協議・連携
財政部門
財産活用部門
●全庁的な総合調整
・局間の協議・調整、情報提供・共有
・投資額の把握・調整等
・庁内のアセットマネジメントの啓発　など
●「一般建築物」の統括
・市有建築物保全情報システムの運用・管理
・「一般建築物個別施設計画策定指針」の運用
・市有建築物等の整備等にかかる技術的支援
・市有建築物等の工事等の実施　など
連携・
支援
協議・
連携
アセットマネジメント
推進協議会
技術的支援・
工事等の実施
各施設所管部局
「一般建築物」所管部局
・「各一般建築物の個別施設計画」の見直し及び進捗管理
・施設のあり方、最適な保有量等の検討
・維持管理経費等の縮減
・施設の有効活用など
「専門施設(※)」所管部局
(※)一般建築物以外の施設
・「各施設（類型）の個別施設計画」の見直し及び進捗管理
・施設のあり方、最適な保有量等の検討
・維持管理経費等の縮減
・施設の有効活用　など

出典：「福岡市アセットマネジメント推進プラン」（令和３年６月 福岡市）

図 4.51　アセットマネジメントの推進体制

【事例：岐阜県】維持管理に関する高度な技術を有する人材の育成

■メンテナンスエキスパートの育成

岐阜県は、県管理の道路延長が約4,100km、橋梁数が約4,700橋など、多くの道路施設を有しており、これらの多くは、高度経済成長期に建設され、今後急速に高齢化が進むことが懸念されている。これらの施設を適切に維持管理するため、点検や補修に関する高度な技術を有する人材の育成に岐阜大学及び建設業界の産学官連携により、平成20年度からME（メンテナンスエキスパート）の養成に取り組んでいる。

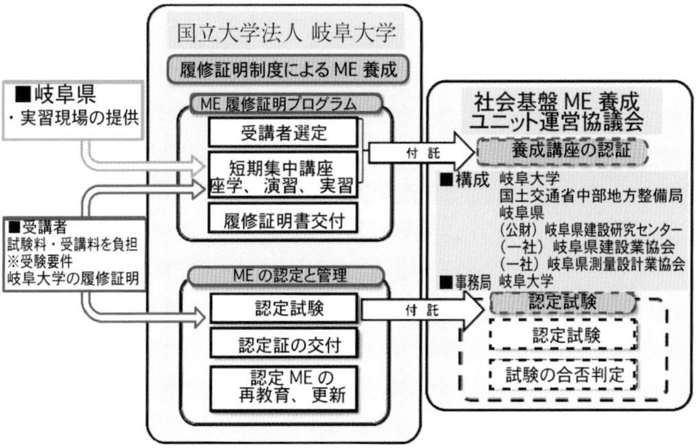

図4.52　メンテナンスエキスパート（ME）の養成体制

■MEによる維持管理の実施（例）

橋長が15m未満の小規模橋梁等を対象に、MEが点検・診断から補修・対策工の提案を行い、補修工事までを包括的に実施する業務や、日常の維持修繕を対象に、MEによる道路の定期点検パトロールから対策工法の提案、補修までを包括的に行う業務を進めている。

道路施設の適正な管理（安全・安心な県土の保全）
学（岐阜大学）
○岐阜大学はH20に「ME養成ユニット」を設置
○H20～H24 文部科学省科学技術戦略推進費を活用
○H25からは履修証明プログラムを活用
■ME認定者の業種（R3.2月末現在）
業種区分 認定者数
建設業 194（36%）
コンサルタント 107（20%）
県職員 73（14%）
市町村職員 80（15%）
国職員 15（3%）
団体職員 27（5%）
その他 40（7%）
合計 536（100%）
官（岐阜県）
産（業界）
計画に基づいた適切な補修
岐阜県道路施設維持管理指針
○橋梁やトンネルなどの道路施設を効率的かつ計画に維持管理するため、点検の頻度や方法、補修対策等を明確にし、施設の維持管理の水準と目指すべき姿などを示したもの
現地確認
・リスクの大きい箇所の現地調査及び健全度の簡易評価
・補修要否の技術的判断を行う
定期点検・緊急点検
・橋梁点検業務等の定期点検などにより、各施設の健全度を把握
・受注者MEとして維持管理業務において高度な技術力を活用
民（地域住民）
防災モニター
・平成12年度から土木施設の異常等の通報制度
・県土木職員OBにより実施（68名）
ぎふ・ロード・プレーヤー
・平成13年度からボランティアによる道路施設の清掃、除草等の維持管理制度
・地域住民、企業、団体により実施（R2.4.1現在 335団体 16,121人）
MS（社会基盤メンテナンスサポーター）
MEによる技術指導
・平成21年度からボランティアによる道路施設の簡易点検及び異常の通報制度
・地域住民により実施（R2.4.1現在 1,239名）
養成
評価
点検
指導
ME（社会基盤メンテナンスエキスパート）

出典：「社会基盤メンテナンスエキスパートのホームページ」（岐阜県）

図 4.53　ME による維持管理の実施体制

4.8 支　援

4.8.1 資源・力量・認識・コミュニケーション

道路施設を、事業のライフサイクルを通じて効率的かつ効果的に運用・維持管理するためには、これに必要な資源を決定し、確保することが必要となる。ここでいう資源については、ヒト、モノ、カネのほかに情報や時間などが挙げられる。

本項においては、道路施設維持管理において求められる経営資源について、アセットマネジメントの視点から重要な項目について解説する。

(1) 経営資源の確保

道路施設管理のライフサイクルを通じて効率的かつ効果的に運用・維持管理するための手順や仕組み（＝アセットマネジメントシステム）を確立し､実施、維持、継続的改善を行うためには、必要となる資源を決定し確保することが求められる。

道路施設維持管理を的確に実施するために必要となる力量を保持した人材の配置が必要となる。

また、アセットマネジメント目標を達成するためには必要な資機材、適切な人的資源、必要な資金などを確保することが重要である。その配置については事業の規模、道路施設の構成・特性、供用年数等で異なるが、合理的かつ適正に配置するよう業務手順書等に文書化する。また、外部委託する場合には委託内容、履行すべき事項などを仕様書に明示する。

なお、道路施設維持管理は多種多様な専門分野から構成されており、同一組織内で全ての分野にわたる人材などを確保することは現実的でない場合が多く、アセットの設計施工・調達・運営管理等において外部の専門知識を有する者に委託する場合が多い。

(2) 組織の必要な力量の決定と教育

組織に必要とされる力量（意図した結果を達成するために、知識及び技能を適用する能力）を適切な教育・訓練・経験・資格などをもとに決定し、その力量を備えた人員を確保するとともに、人員の力量を維持するための教育や訓練の計画を立て、実行した上で、それぞれの達成したレベルを評価し、必要に応じて追加の教育訓練などの改善策を実施することが有効である。

道路施設管理においては、前述のように専門知識を有する外部委託先に業務を委託する場合が多いことが特徴として挙げられるが、外部委託業務が増加すると当該委託先の能力によるリスクが増大し、事業採算性に影響を及ぼす可能性もあるため、事業者自身が委託先選定、委託先監視、成果物の検査・評価を行うための能力を有することが求められる。

研修や教育・訓練については、次の点を考慮して計画を立て、その実施による力量の証拠として適切な記録を残す。

・目的（教育や訓練、資格についてのそれぞれのテーマ）
・対象者（管理職、一般職員、技術者、会計担当者、新人、外部委託先など）
・カリキュラム
・手段・方法（集合教育、専門研修機関、技能研修、訓練）
・実施する頻度・時期
・有効性の評価方法

なお、現在必要とされる力量だけでなく事業継続のために必要となる将来にわたっての力量の確保及びステークホルダー等から求められる力量を確保し、人員の適正な育成・配置に努める。また、事業においては、新たな技術、法規制、リスクなど日々変化が大きいことから、不断の研修・教育を継続することが有効である。

国土交通省
Ministry of Land, Infrastructure, Transport and Tourism

Press Release

平成３０年２月２７日
大臣官房技術調査課
大臣官房公共事業調査室

40の民間資格を新たに登録します！

～「平成29年度　公共工事に関する調査及び
設計等の品質確保に資する技術者資格」の登録～

国土交通省は2月27日付けで、国土交通省登録資格に40の民間資格を新たに登録します。第4回目の登録となります。

社会資本ストックの維持管理・更新を適切に実施するためには、点検・診断の質が重要であり、これらに携わる技術者の能力を評価し、活用することが求められます。国土交通省では、一定水準の技術力等を有する民間資格を「国土交通省登録資格」として登録する制度を平成26年度より導入し、これまでに211の資格を登録しています。

新たに登録した40の技術者資格は、既登録技術者資格とあわせて、国及び地方公共団体の業務発注時の総合評価落札方式において加点評価するなど、積極的に活用していく予定です。

■国土交通省登録資格について

①登録資格一覧（公共工事に関する調査及び設計等の品質確保に資する技術者資格登録簿）
　⇒【別添１】参照

②国土交通省登録資格の概要（参考）
　⇒【別添２】参照

【参考HP】

※１　公共工事に関する調査及び設計等の品質確保に資する技術者資格登録規程
（http://www.mlit.go.jp/common/001211390.pdf）

※２　申請について
公共工事に関する調査及び設計等の品質確保に資する技術者資格登録申請の手引き
（http://www.mlit.go.jp/common/001211401.pdf）

※３　技術者資格制度小委員会について
（http://www.mlit.go.jp/policy/shingikai/s201_gijyutsusyashikaku01.html）

図 4.54　国交省登録資格について

(3) 共通認識

道路施設管理に携わる組織を構成する人員及び関係者が、「アセットマネジメントの方針」、「アセットマネジメントシステムの意義」、「業務、リスク、それらの相互の関係」、「アセットマネジメントシステム要求事項に適合しないことの影響」について共通の認識と知識を持つことが重要である。特に、「一人一人が担当する業務における活動がアセットマネジメント方針と目標の実現に寄与していること」、「一人一人の担当業務に関連するリスクと機会が何であるか」、「事故や事故に至らないまでも損傷や損失を招き事業運営を危うくする確率が高い事象が担当業務で発生した場合の影響の大きさはどれほどか」などについて理解し、リスク事象の発生やアセットマネジメントシステムのパフォーマンスの低下の防止に努めることが有効である。

(4) コミュニケーション

道路施設を安定的に管理していくためには住民や地域社会、道路利用者からの「評判・評価」は極めて重要な要素である。

「評判」を良好に保つためには、適宜アセットマネジメントに関する情報を組織の内部だけでなく外部にも伝達し共有することが必要となるが、その際に行うべきコミュニケーションの内容や伝達媒体、方法、実施時期を検討しておかなければならない。

なお、伝達媒体、方法、実施時期はコミュニケーションの内容に応じて検討し、硬直的、一律的なものではなく、その対象も組織内や外部委託業者、地域への広報など、多岐にわたって検討することが有効である。

4.8.2 情報管理・文書化

(1) 情報管理・文書化

アセットマネジメントの実施においては、必要な情報を文書化し、更新するとともに、紛失防止、改ざん防止、機密保持などの事項を考慮しつつ、必要に応じて利用可能な状態にしておくことが重要である。

また、文書化した情報の保持の期限や廃棄の方法についても検討する必要がある。

情報のITシステム化などが進んでいる現在においては、これらの情報管理のプロセスを組み込んでおくことは有効である。

ここで重要なことは、文書化した情報が道路施設管理のライフサイクルのフェーズ間（調査・計画→設計→施工→竣工→点検→維持管理→更新→廃棄）で確実に伝達され、引き継がれるようにすることである。例えば、計画段階で策定された事業目標やアセットマネジメント方針、戦略的アセットマネジメント計画などは文書化され、全フェーズに引き継ぎ・周知されるのが好ましい。また、建設段階における竣工記録は次フェーズの点検・維持管理に対して重要な情報である。これらの情報の伝達・引き継ぎが確実に行われているかの有無によっては、事業の健全性や継続性にも影響を及ぼすだけでなく、アセットの格付に資する情報にもなり得る。

これらの情報については次の点に留意して取り扱うことが求められる。

・アセットマネジメント情報として必要な属性（諸元情報、点検情報、維持管理情報など）を決定すること。
・道路施設管理のライフサイクルの各フェーズで有効活用するためにアセットマネジメント情報の記録項目や様式を決定すること。
・アセットマネジメント情報として必要な質（管理水準など）を決定すること。
・アセットマネジメントに関連する情報収集の方法、時期、分析・評価の方法を決定すること。

なお、情報を管理するにあたっては、組織内のアセットマネジメントに関する用語の整合性を図ることが重要である。

道路施設管理に関与する組織内外の組織の中で用語の使い分けや用語の定義の明確化を図っていくことは共通の認識を持つ上で重要であり、用語の意味の取り違いによるリスクの回避にもつながるので留意を要する。

次に、全てのアセットについて「財務データ」と「関連する技術データ」についてのトレーサビリティを確立することが有効である。

例えば、アセットの残存価値などの財務データと、物理的耐用年数、点検による劣化診断結果などの技術データを併せて把握できることを推奨する。これにより、「リスク」と「コスト」と「パフォーマンス」の３つの要素のバランスのとれたアセットマネジメントの展開が円滑に行われることが期待できる。

道路施設を、事業のライフサイクルを通じて効率的かつ効果的に運用・維持管理するためには、以上に記載したような経営資源をあらかじめ確保し、状況の変化に応じ必要な補強などを行い、実務を遂行することが望まれる。

(2) データベース

道路インフラの維持管理を持続的に実施していくためには、メンテナンスサイクルを継続・発展させていく必要があり、そのためには点検・維持・修繕・更新に係る情報を収集・蓄積・活用する必要がある。情報の収集にあたっては、現在の手法に加えて、センサーやICT等の新技術も活用し、情報の高度化、作業の省力化等を推進する必要がある。

施設管理者の管理する道路インフラの中には、施設台帳が整備されていない施設や、建設時に作成されたまま、更新されていない紙ベースの施設台帳等も存在することも想定されるため、アセットマネジメントの第一歩として保有する情報の現状について調査を実施し、整備が十分ではない場合、優先的に施設台帳の再整理及び電子データ化を進める必要がある。

今後、点検の実施や補修事業の増加が見込まれ、施設の内容や状態を確認する機会が増加することから、必要な情報に対する素早い対応や事業への説明が求められる。また、より一層の業務の効率化と、点検・補修などで蓄積される大量のデータを活用した管理の高度化を図る必要がある。

【事例：（一財）北海道建設技術センター】市町村向けデータベース

①メンテナンス会議版市町村橋梁点検データ入力システム（無償）

・北海道道路メンテナンス会議が発行する「北海道市町村橋梁点検マニュアル（案）」に基づいた点検結果を入力、管理するサービス

②橋梁管理システム（データベース）（無償）

・自治体の橋梁データを財団のサーバにて一元管理するサービス

・効率的な維持管理をサポート

③ＢＭＳ（ブリッジ・マネジメント・システム）（有償）

・損傷度判定結果をもとに、将来の劣化予測及び補修費用の計算を行い、橋梁長寿命化修繕計画の基礎資料を作成するシステム

•登録された情報をブラウザで閲覧
⇒インターネットが利用できる環境であればいつでも、どこでも閲覧が可能

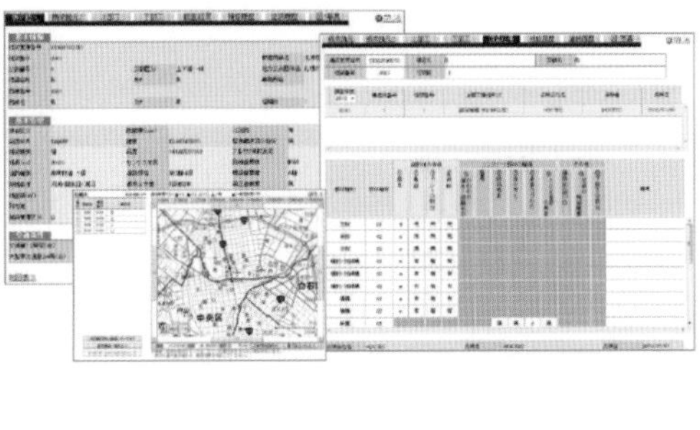

【事例：福島市】橋梁管理システムの構築

・橋梁の長寿命化及び修繕・更新費用の平準化・縮減を目的としたメリハリのある維持管理を継続的に実施・改善していくためには、橋梁管理システムの構築が不可欠

・福島市では橋梁諸元データや点検データを継続的に更新・蓄積し、管理橋梁の長寿命化修繕計画の策定を支援するためのシステムを構築

(1)　橋梁諸元データの登録・参照（橋梁台帳機能）

管理橋梁の橋梁諸元データ（諸元、補修履歴、一般図、現状写真等）を登録・参照します。

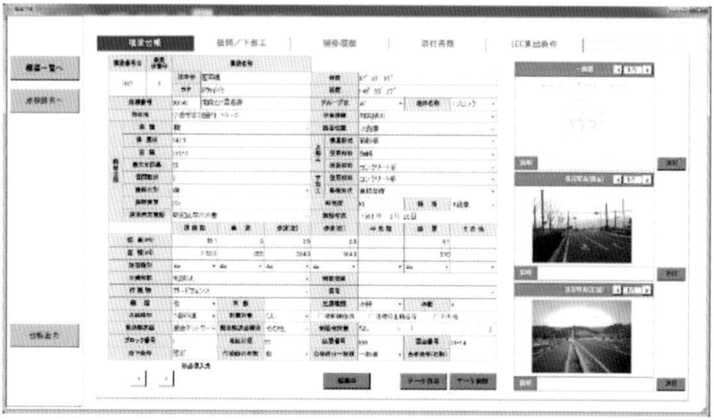

(2)　点検結果の登録・参照（点検調書機能）

管理橋梁の点検データ（簡易・詳細点検結果、損傷写真）を登録・参照します。

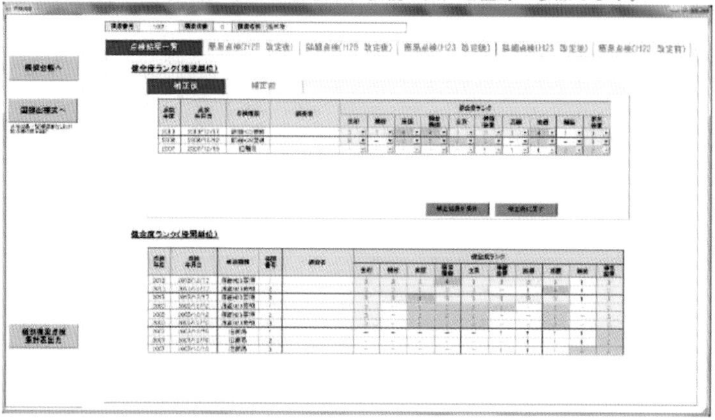

(3) ガイドライン

維持管理ガイドラインは、各道路管理者が管理する道路施設維持管理の全体像及び統一的な維持管理体系となる維持管理に対する基本的な考え方を示すものであり、同時に将来的に目指す望ましい管理方法に対して、現状の課題を踏まえ当面行う業務及び検討の内容・手順、判断方法などを示すものである。

道路施設全体を対象とした施設共通のガイドラインや、個別の施設を対象としたガイドラインなど、様々な様式のものが存在する。

【事例：北海道】公共土木施設の維持管理基本方針

・道路だけではなく公共土木施設全般を対象とし、施設ごとの維持管理を体系化し、維持管理のあり方や管理水準を設定するなど、今後の維持管理の基本方針を示すもの

・社会情勢の変化に伴い、平成21年3月初版　→　平成29年3月改訂

北海道

公共土木施設の維持管理基本方針

【 一部改訂 】

平成 21 年 3 月
（平成 29 年 3 月改訂）

北　海　道

4.9 運用（計画の管理・アウトソーシング）

4.9.1 アセットマネジメントの運用

(1) マネジメントサイクルの運用

設定した目標や計画の実施・評価・改善、各道路施設の点検・診断・措置・記録のメンテナンスサイクルを継続的に運用するには、PDCA サイクルによる運用のプロセスを確立することが必要である。またその実践にあたっては、「図 4.2 道路施設のアセットマネジメントに係る実務の基本的な流れ」に示す各マネジメントプロセスにおいて、いつ、誰が、何のために、いくらで、何をどのように実施するのかを明らかにすることが重要である。

構想レベルの PDCA

・長期的な視点からアセットの修繕シナリオやそのための予算水準を決定する大きな PDCA サイクル

戦略レベルの PDCA

・中期的な予算計画や戦略的な修繕計画を立案する中位の PDCA サイクル

維持修繕レベルの PDCA

・単年度の修繕計画を立て、修繕作業を実施する小さな PDCA サイクル

これらの各レベルの PDCA サイクルに対して、体制（役割や責任の所在等）、実施方法（手順、対応内容等）、予算・費用（優先度評価、予算配分等）、マネジメント（運用のルール、マニュアル、リスク等）などを設定し、各々のサイクルの時期に応じた検証・改善をしていくことが必要である。

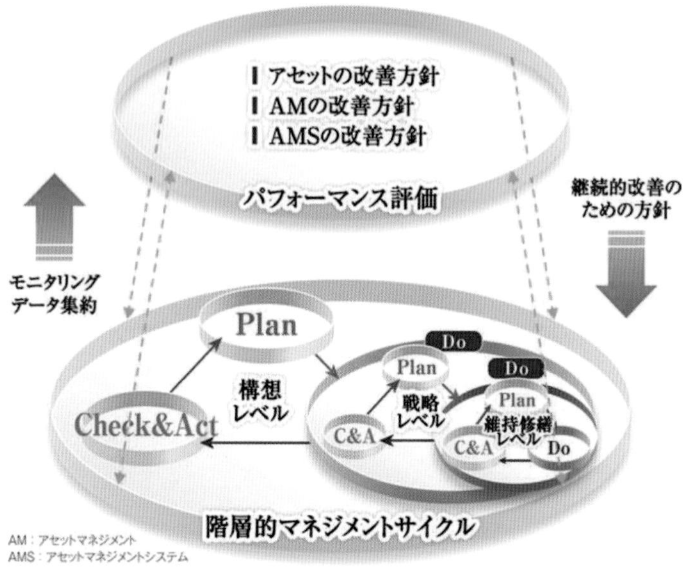

出典：「一般社団法人 日本アセットマネジメント協会　ホームページ」

図 4.55　アセットマネジメントシステムのイメージ（図 1.2 再掲）

(2) マネジメントサイクル運用における課題

現状の道路施設管理におけるマネジメントサイクルでは、様々な道路管理者にて次のような課題が顕在化しており、十分な運用ができていない状況もある。アセットマネジメントの運用の中で、これらのような課題に対してその要因を分析し、改善に向けた取組を実施することが必要となる。また、これらの改善の取組についても PDCA サイクルにより改善を続けていくことが必要である。

表 4.27　マネジメントサイクル運用の課題の例

視点	課題の例
マネジメント	●計画策定が目的（補助条件）となっており実施が伴っていない ●必要性中心の計画であり、現実的な予算規模と乖離し、事業が十分実施できない
ヒト （体制）	●職員の異動などにより継続性が遮断される（計画に対する進捗の責任の所在があいまい） ●限られた職員が日々の現地・監理対応に追われ、マネジメント視点で運用が困難
カネ （財政・予算）	●維持管理工事の不調・不落も多く、実施したい事業が十分できない ●計画策定時の見込み額に対して、実際の事業費が増加し、計画との乖離が生じる
モノ （施設）	●管理施設が膨大で、要対策施設も増加しており、対応が追い付かない（優先順位や施設の必要性が十分に考慮されていない）
情報	●情報が確実に蓄積されておらず、検証や改善が困難

4.9.2 運用の効率化

前項に示したマネジメントサイクル運用の課題に対して、マネジメントやヒト・カネの改善、情報活用や新技術導入、官民連携など新たな仕組みなど、様々な視点から改善を図っていくことが必要となる。

ここでは、ヒト・カネの不足を補う運用の効率化の視点から、新たな仕組みの具体例を示す。

表 4.28　運用の効率化に向けた取組の例

視点	概要
マネジメントの改善	●トップマネジメントを含めた体系的なマネジメントシステムの構築（ISO 55001によるアセットマネジメントシステムの構築） ●施設の重要度評価や運用のリスクの観点も組み込んだ維持管理計画の策定と実施 ●維持管理手順書（基準、ガイドライン等）の作成 ●トップ主導による計画の策定・公表（宣言による推進）など
ヒト・カネ不足の補完／モノの改善	●民間の効果的な活用（包括化や性能規定契約等による効率化） ●各メンテナンスサイクル（点検・診断・措置）への新技術の活用 ●予防保全型の維持管理導入によるライフサイクルコストの縮減・予算平準化 ●施設の再編や集約・撤去による配置の最適化 など
情報の活用	●データベース等による情報の一元化 ●データ蓄積のルール化（項目、手順、管理部署等）など

改善方策／改善目的	発注規模の拡大（数量・業務・施設・複数発注者）	契約期間の複数年化	複数企業による共同受注	プロセス間の連携	性能規定型契約	入札手続きの迅速化（フレームワーク方式）	民間資金の活用	発注者を支援する仕組み
担い手の確保	○	○	○	—	—	—	—	—
業務の効率化	○	○	○	○	—	○	—	—
民間事業者の能力の活用	※	※	※	※	○	—	○	—
技術力確保	—	—	—	—	—	—	—	○

※：民間事業者の能力の活用にあたり、一般的に併用する基本的要素

出典：「維持管理等の入札契約方式ガイドライン（案）」（平成27年3月（公社）土木学会建設マネジメント委員会）

図 4.56　発注の仕組みによる改善方法の例

【事例：三条市】包括的民間委託

- ■ 新潟県三条市では包括的民間委託を平成29年4月に導入して以来，市と受託者の連携のもと確実かつ効率的にインフラの維持管理業務を遂行できる実施体制の構築に向けて実践を積み重ねてきている。
- ■ その取組みのうち，包括的民間委託による特徴を活かした舗装等の老朽化対策の事例を示す。

■対象地区

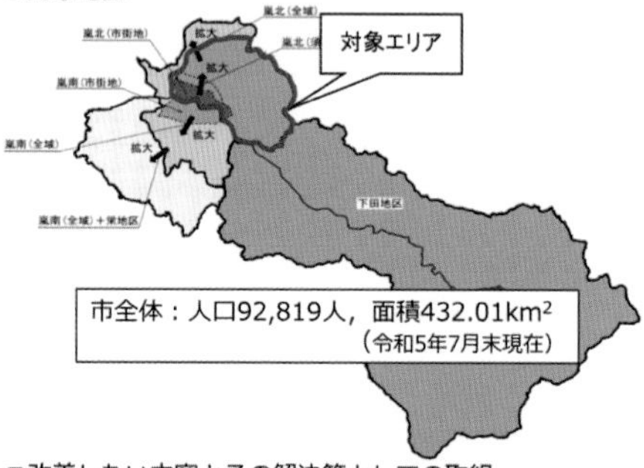

■包括的民間委託の概要

対象施設	道路（335.7km），橋梁（218橋），公園（71箇所），水路等
業務内容	1）計画準備業務，2）全体ﾏﾈｼﾞﾒﾝﾄ業務 3）窓口業務，4）巡回業務，5）引継業務 6）道路維持管理業務（橋梁点検含む） 7）公園等維持管理業務 8）水路等維持管理業務 ※要求水準書に基づき受託者が判断 1件130万円未満の対応
期間	5年間（H31.4.1～R6.3.31）
金額	737,856千円（税込み）/5年間
受託者	外山・久保・マルモ・イグリ・山田・向陽園・ﾊﾟｼﾌｨｯｸｺﾝｻﾙﾀﾝﾂ共同企業体（嵐北維持JV）

■改善したい内容とその解決策としての取組

改善したい内容（課題）

- □ 必要な情報を効率的に記録したい
- □ 巡回日誌作成の手間を省力化したい
- □ 発注者と確実・迅速な情報共有をしたい
- □ 現作業班の判断のバラツキを抑えたい
- □ 場当たり的ではなく計画的に対応したい
- □ 蓄積したデータを包括業務に生かしたい
- □ 住民への補修の実施判断の説明責任を果たしたい，共有したい

- 取組①：包括管理支援システムの活用
- 取組②：メリハリのある巡回・調査の実施
- 取組③：AIを活用した舗装調査・診断
- 取組④：現場における対応実施判断の明確化

■取組①：包括管理支援システムの活用

システムの導入・運用により，苦情・要望，パトロール結果の共有や迅速な調書作成，対応有無の記録，今後の管理方針の立案などに活用し，効率化・高度化を図っている。

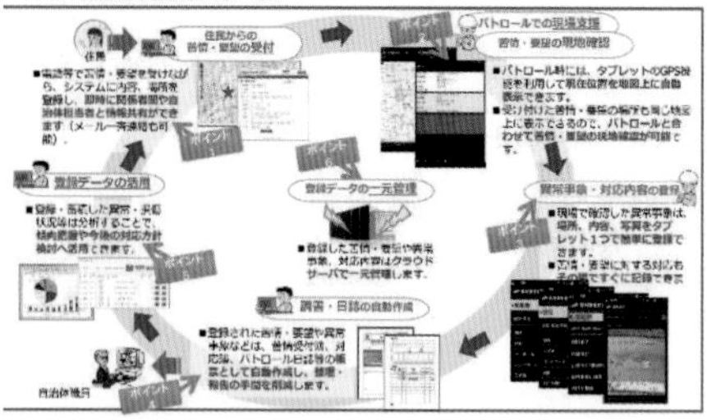

■取組②：メリハリのある巡回・調査の実施

通報・要望，巡回で発見した異常等をGIS上にプロットし，繰り返し不具合が発生している箇所・区間を特定し，巡回の頻度を路線ごとに設定することで，巡回の効率化を図っている。

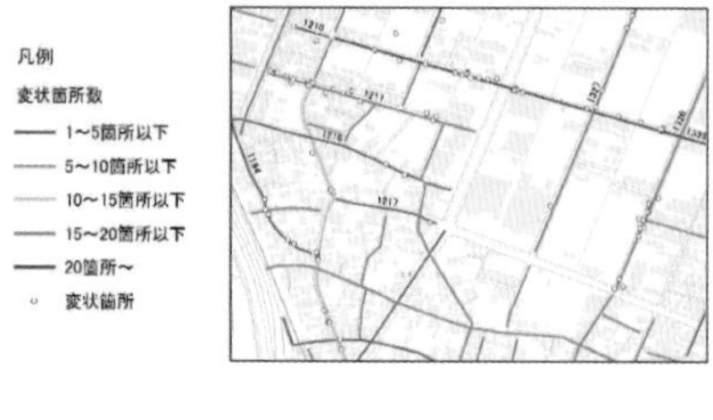

■取組③：AIを活用した舗装調査・診断

車載カメラで撮影した動画をＡＩによる画像解析（損傷位置，程度の判定），帳票の作成により，舗装点検の精度向上，効率化を図っている。

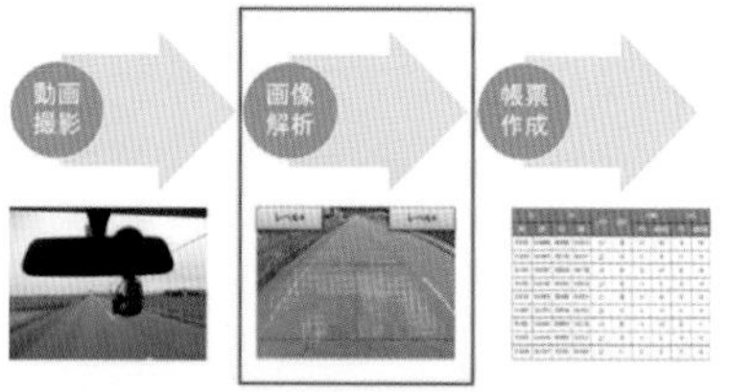

■取組④：現場における対応実施判断の明確化

維持工事実施の判断基準を明確にし，市民への説明性向上，各地区のサービス水準の均一化を図っている。

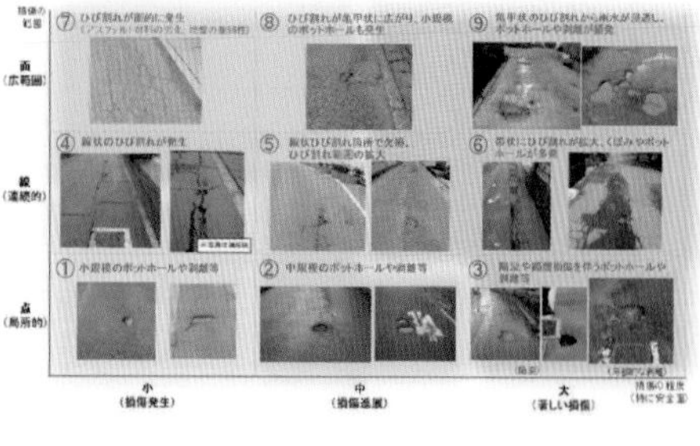

4.10 パフォーマンス評価・改善

アセットマネジメントの取組は、一足飛びに理想像となるものではなく、課題を段階的に改善しながら、徐々に成熟させていくものである。

計画した活動（各種の取組事項等）の結果（＝パフォーマンス）が、目標の達成のために有効なものであったか評価を行い、必要に応じて取り組み方を変える、または取組自体を変更することも必要である。ここで、「有効性」とは、“計画した活動を実現し、計画した結果を達成した程度”を指す。

有効性の定義を踏まえて、有効性の評価方法としては、例えば「取組実行度（計画した活動をどれだけ実現（実行）できたか）」と「目標達成度（計画した結果（目標）をどれだけ達成できたか）」の２つの視点から評価することが考えられる。いずれも計測可能な指標であることが望ましい。「取組実行度」の具体的指標例としては、取組ごとの期間進捗率・実施率などが考えられる。「目標達成度」の具体的指標例としては、施設の健全性分布やコスト縮減効果などが考えられる。

また、これらは適切にその度合いを評価できるよう、計画段階で取組ごとになるべく定量的な数値目標を設定しておくのもよい。取組実行度に係る目標としては、例えば「計画期間中に点検・診断を100％実施する」等、KPI（例：いつまでに何をどれだけ実施するなど）を設定することもよい。目標達成度に係る目標としては、「計画期間満了時点の対象施設の健全性分布は現状を維持する」等が考えられる。

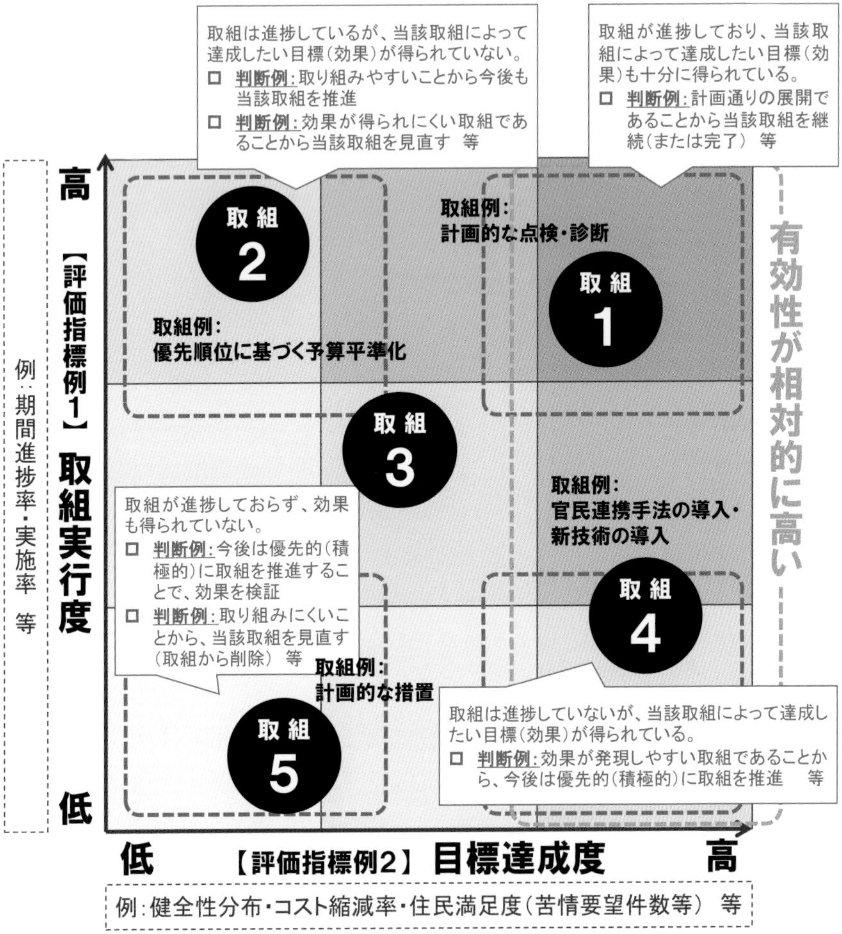
取組は進捗しているが、当該取組によって達成したい目標（効果）が得られていない。
□ 判断例：取り組みやすいことから今後も当該取組を推進
□ 判断例：効果が得られにくい取組であることから当該取組を見直す　等
取組が進捗しており、当該取組によって達成したい目標（効果）も十分に得られている。
□ 判断例：計画通りの展開であることから当該取組を継続（または完了）　等
高
【評価指標例1】取組実行度
低
例：期間進捗率・実施率　等
取組 2
取組例：優先順位に基づく予算平準化
取組例：計画的な点検・診断
取組 1
取組 3
取組例：官民連携手法の導入・新技術の導入
取組が進捗しておらず、効果も得られていない。
□ 判断例：今後は優先的（積極的）に取組を推進することで、効果を検証
□ 判断例：取り組みにくいことから、当該取組を見直す（取組から削除）　等
取組 4
取組例：計画的な措置
取組 5
取組は進捗していないが、当該取組によって達成したい目標（効果）が得られている。
□ 判断例：効果が発現しやすい取組であることから、今後は優先的（積極的）に取組を推進　等
有効性が相対的に高い
低
【評価指標例2】目標達成度
高
例：健全性分布・コスト縮減率・住民満足度（苦情要望件数等）　等

図 4.57　活動（各種取組）の有効性の評価方法イメージ（参考）

【事例：国土交通省】取組実行度に係る評価の事例

計画に対する評価については、例えば必要な点検・診断や修繕等に関する完了率などを、計画策定後定期的に評価し、公表することで、計画の進捗管理を行っている事例が見られる。

このように、計画した取組の実施状況を評価し、計画どおりに進捗していない場合はその理由（課題）を追究することで、計画の見直し（次期計画の策定等）に反映することも、PDCA のあり方として重要である。

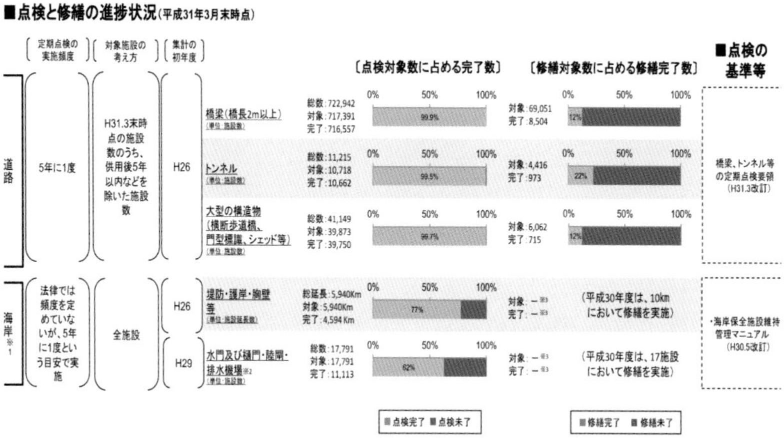

※1 国土交通省所管海岸のみ対象（一部事務組合、港務局を含む）
※2 マニュアルの見直しに伴う点検結果を反映させたため
※3 定期点検の他、日常管理における巡視・点検等の結果を踏まえ、必要に応じて随時修繕等を実施しているため

出典：「インフラ長寿命化計画（行動計画）のフォローアップ」（令和元年９月　国土交通省）

図 4.58　計画のフォローアップ事例

さらに、評価に対する理由（課題等）を認識し、パフォーマンスを向上するための改善を行う。また、当該改善の内容が適切であったかどうか、改善自体の効果を評価することも重要と考えられるが、前述の「取組実行度」と「目標達成度」の関係からの位置付けについて、前回までの結果と今回の結果を合わせて見ることで、これらの位置付けの遷移（例：右方に上昇／左方に下降等）が、改善の効果を示すものとも捉えられる。

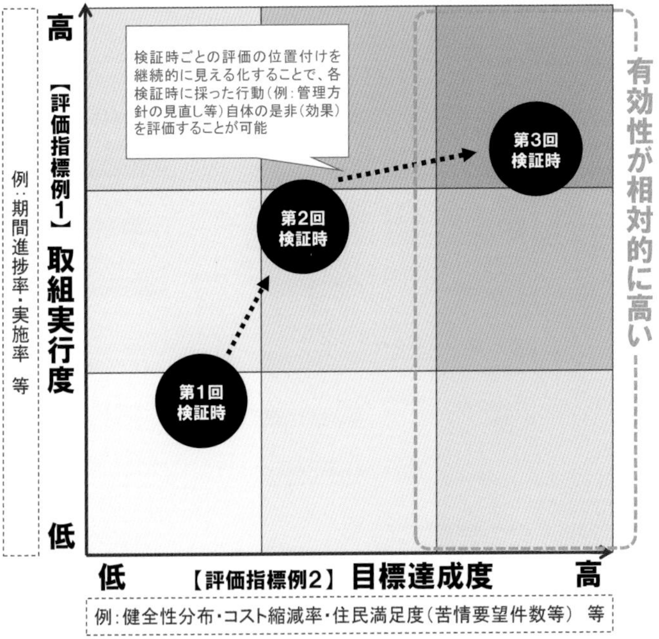

図 4.59　取組の改善効果の見える化イメージ（参考）

以上のようなパフォーマンス評価・改善を通じて、個々の取組自体の改善のほか、PDCA を回す仕組み自体の改善も含めて、アセットマネジメントシステムをあるべき姿へと成熟させていくことが望ましい。

インフラマネジメント実践小委員会 名簿

	氏名	所属
委員長	猪爪　一良	株式会社オリエンタルコンサルタンツ 道路整備・保全事業部
委員	植田　知孝	株式会社オリエンタルコンサルタンツ アセットマネジメント推進部
	馬越　正純	株式会社オリエンタルコンサルタンツ アセットマネジメント推進部
	坂口　浩昭	株式会社オリエンタルコンサルタンツ アセットマネジメント推進部
	森　飛翔	株式会社オリエンタルコンサルタンツ アセットマネジメント推進部
	山根　立行	株式会社建設技術研究所 東京本社　インフラマネジメントセンター
	福田　裕恵	株式会社建設技術研究所 東京本社　PFI・PPP 室
	藤原　鉄朗	日本工営株式会社 鉄道事業本部
	中津井　邦喜	日本工営株式会社 中央研究所
	竹内　恭一	日本工営株式会社 交通運輸事業本部
	関口　信康	パシフィックコンサルタンツ株式会社 中部支社
	福澤　伸彦	パシフィックコンサルタンツ株式会社 交通基盤事業本部
	戸谷　康二郎	パシフィックコンサルタンツ株式会社 交通基盤事業本部
	鈴木　健彦	八千代エンジニヤリング株式会社 事業統括本部
	野田　一弘	八千代エンジニヤリング株式会社 事業統括本部
	山本　浩貴	八千代エンジニヤリング株式会社 事業統括本部
事務局	荒井　美紀	一般社団法人日本アセットマネジメント協会

道路施設アセットマネジメントガイドライン策定 WG 名簿

	氏名	所属	主担当部分（章）
WG 委員長	福澤　伸彦	パシフィックコンサルタンツ株式会社 交通基盤事業本部	1，3，4.7
WG 委員	植田　知孝	株式会社オリエンタルコンサルタンツ アセットマネジメント推進部	2，4.5
	坂口　浩昭	株式会社オリエンタルコンサルタンツ アセットマネジメント推進部	2，4.5
	山根　立行	株式会社建設技術研究所 東京本社　インフラマネジメントセンター	4.6，4.8
	竹内　恭一	日本工営株式会社 交通運輸事業本部	4.2，4.4，4.9
	戸谷　康二郎	パシフィックコンサルタンツ株式会社 交通基盤事業本部	3
	山本　浩貴	八千代エンジニヤリング株式会社 事業統括本部	4.1，4.3，4.10

監修者

氏名	所属
水谷　大二郎	東北大学大学院工学研究科土木工学専攻　助教
竹末　直樹	京都大学経営管理大学院　特定教授 （株式会社三菱総合研究所　社会インフラ事業本部）
植野　芳彦	富山市　政策参与
戸谷　有一	一般社団法人日本アセットマネジメント協会　理事

JAAM ガイドブックシリーズ
実務者のための
道路施設アセットマネジメントガイドライン

発　行：2023 年 11 月 15 日
編著者：道路施設アセットマネジメントガイドライン策定 WG
発行者：和田　恵
発行所：株式会社 日刊建設通信新聞社
　〒 101-0054
　東京都千代田区神田錦町 3-13-7
　電話　03（3259）8719
　URL　https://www.kensetsunews.com
印刷・製本：株式会社シナノパブリッシングプレス

ISBN978-4-902611-95-3